ESSAI

SUR LES ROSES;

PAR J.-P. VIBERT,

A CHENEVIÈRES-SUR-MARNE.

Et toujours entouré de dons et de promesses,
Il sème, attend, recueille et compte ses richesses.
DELILLE, *Homme des champs*.

A PARIS,

CHEZ MADAME HUZARD, LIBRAIRE,
RUE DE L'ÉPERON, N°. 7.

1826.

ESSAI

SUR LES ROSES.

CHAPITRE PREMIER.

RÉPONSE A M. BOITARD.

M. BOITARD, ancien rédacteur principal du *Bon Jardinier*, a fait insérer contre moi dans sa 83e. livraison des *Nouveautés Parisiennes*, sous le titre d'*Anecdote et conseil charitable*, un article où il n'a fait preuve, ni de bonne foi, ni de justice, ni même d'urbanité. A la lecture d'un tel écrit, un assez grand nombre de personnes ont pu se demander quel puissant motif, quelle grande injure a donc pu allumer la bile de l'écrivain contre un homme qui n'a pas même cité son nom ? La raison, la voici ; M. Boitard nous l'apprend lui - même dans la seule phrase de son article qui ne contienne pas une erreur, une supposition, une mauvaise intention ou une injure : *J'ai osé dire la vérité.*

Il m'en coûte de descendre dans l'arène où M. Boitard m'appelle; mais l'impression a rendu sa provocation publique, et je suis forcé d'y répondre. Je serai vrai, je serai même poli, et si M. Boitard me réplique, je l'invite à en agir de même; ce conseil vaut bien le sien.

Pour mettre le public a même de nous juger, je vais remonter un peu haut; car je dois supposer que M. Boitard a oublié certaines choses. Ce fut au mois de juin de 1823 que je le vis pour la première fois; il se rendit chez moi, accompagné de M. Godefroy, cultivateur à Ville-d'Avray, qui jouit à juste titre d'une réputation méritée; M. Boitard qui, en 1825, paraît douter que je puisse même faire un jour un garçon jardinier, me jugea alors plus favorablement et voulut que les quarante plus belles roses que mes semis m'avaient procurées fussent décrites dans le *Bon Jardinier* pour 1824, et il en fit la description botanique, en présence de M. Godefroy et moi, sur le terrain même. Je n'avais pas sollicité cette faveur, je lui en fis l'observation; M. Boitard me répondit qu'il ne faisait en cela qu'un acte de justice. Ce fut lui qui nomma, ce même jour, d'après le désir qu'il témoigna, Charlotte de Lacharme et Aglaé Adanson. La fin de l'année arriva : j'avoue que je ne vis pas sans quelque surprise que M. Boitard avait oublié son travail et ses promesses ; néanmoins il est juste de reconnaître que le public n'y perdit rien, car une autre liste d'environ cinquante-cinq variétés provenant de M. Noisette remplaça sans doute la mienne. Quelques-unes échappèrent à cette proscription, de ce nombre furent Charlotte de Lacharme et Aglaé Adanson ; on en devine la raison, encore n'osa-t-on avouer que ces roses fussent de moi. D'après ce qui précède, la malignité ne pourrait-elle pas porter à croire que cette petite suppression fut une condition de l'insertion. Elle était donc bien puissante cette voix qui faisait taire chez M. Boitard le souvenir de ses promesses, le sentiment de ses devoirs et le respect des convenances ? Un jour je le rencontre sur un des ponts de Paris, quelques explications sans aigreur eurent lieu à ce sujet ; je ne rapporterai pas cette petite conversation, car je serais démenti sans doute ; mais je fus convaincu que M. Boitard avait cédé à quelques considérations particulières.

Dans le premier cahier de mon ouvrage, j'ai cru devoir, dans l'intérêt général, signaler quelques erreurs, m'élever contre quelques concessions faites à l'amour-propre, réduire à leur juste valeur quelques exagérations, solliciter sur certaines choses un examen plus approfondi ; j'ai cité des preuves à l'appui de mes assertions ; j'ai borné ma critique à un petit nombre de citations lorsque j'aurais pu l'étendre bien davantage. Je n'ai même pas, par délicatesse, cité le nom de M. Boitard ; j'ai rendu justice au mérite, au talent, quand l'occasion s'est présentée, sans exception même de quelques personnes qui n'étendent pas jusqu'à moi l'amour de leur prochain. Je ne me suis écarté ni de la vérité ni des convenances : M. Boitard en pourrait-il dire autant ? L'analyse de son article va répondre à cette question.

« *On a essayé de vendre, il y a quelque temps, chez Madame Huzard, une pitoyable brochure intitulée, autant que je peux m'en souvenir,* Essai sur les Roses, *par M. Vibert.* » Le premier cahier de mon ouvrage a été tiré à mille exemplaires : j'ai gardé par-devers moi la moitié de l'édition, dont un exemplaire a été remis sans rétribution aux personnes avec lesquelles j'entretiens des relations de bienveillance ou d'intérêt, aux savans, aux étrangers, et à-peu-près à toutes les personnes instruites qui m'ont honoré de leur visite. Cette générosité, dont M. Boitard a tort de se plaindre, car elle ne lui coûte rien, a dû nécessairement réduire le nombre de ceux qui l'auraient acheté ; il doit savoir d'ailleurs que le débit d'un ouvrage quelconque est toujours subordonné à la quantité des personnes qu'il peut intéresser. Les motifs qui m'ont porté à entreprendre ce travail tiennent à des considérations d'un rang plus élevé que des calculs d'intérêt, et la vente qui en a lieu n'a pour but que de couvrir les frais d'impression.

« *Il dit que les célèbres professeurs du Muséum d'histoire naturelle sont des ignorans, en comparaison de M. Vibert ; que les naturalistes Anglais, Allemands et Français, qui ont écrit sur les roses, les Lindley, Bosc, Thory et Pronville, etc. (que M. Vibert n'a jamais lus) n'y entendent rien.*» On devinera facilement le motif qui porte M. Boitard à vouloir intéresser à sa cause personnelle les savans dont il cite les noms ; mais la partie éclairée de la société appelée à être juge de nos débats ne s'y trompera pas. Puisque M. Boitard me force à repousser une agression aussi injuste qu'inconvenante, tous moyens légitimes me sont permis et je les emploierai. Non, je n'ai pas attaqué les botanistes en masse comme vous voudriez le faire croire, il suffit de me lire avec attention pour s'en convaincre. Parmi les honorables savans

que vous citez, plusieurs m'ont donné des témoignages de bienveillance ; quelques-uns
même, persuadés que la science a aussi ses
abus, ont bien voulu encourager mes efforts.
Votre cause ne saurait être la leur, et s'ils
avaient à se défendre contre moi de quelques
assertions hasardées, certes ils ne confieraient
pas le soin de leur défense à un homme qui
met l'ironie et l'injure à la place des preuves
et du raisonnement, qui établit d'abord des
suppositions pour les combattre ensuite avec
l'arme du ridicule, et dont les citations ne sont
qu'un tissu de faussetés. L'immense variété de
roses que nous possédons maintenant, et dont
vous ne vous doutez même pas, ajoutent aux
difficultés déjà si grandes d'une bonne nomenclature ; il n'est pas étonnant que, sous quelques
rapports de classification, ma manière de voir
ne soit pas tout-à-fait d'accord avec la leur ; il
y a long-temps déjà que j'ai dit que les travaux
séparés des savans ne parviendraient jamais à
aplanir des difficultés que je regarde en partie
comme insurmontables. Il ne faut donc pas s'é-
tonner que sur des questions peut-être insolu-
bles, ils ne se soient pas toujours trouvés d'accord entre eux, et pour apprécier à sa juste
valeur l'importance plus ou moins grande à

attacher à cette dissidence d'opinions, il faut connaître, comme moi, la difficulté d'une pareille matière. Certes, il faut plus que du talent, il faut un grand courage pour traiter un sujet aussi ingrat, qui n'offre en définitive qu'un succès incertain ; mais en motivant leur sentiment sur des raisons plus ou moins fondées, plus ou moins spécieuses même, ils n'ont jamais oublié que le rang distingué qu'ils occupent dans la société leur imposait le devoir de se respecter eux-mêmes. Soit entre eux , soit envers le public, ils ont su conserver ce respect des convenances qu'un auteur ne viole jamais impunément ; aucun d'eux n'a pensé sur-tout qu'il fût possible d'appuyer ses raisons par la citation de ce vers, que m'adresse M. Boitard :

« Un sot trouve toujours un plus sot qui l'admire. »

Entre les honorables savans que vous citez et vous, il y a quelques intervalles à franchir, et ce n'est pas par de telles productions que vous vous rapprocherez d'eux.

« *Que les auteurs de l'ouvrage le plus repandu en horticulture n'ont pas le sens commun.* » Je prie encore M. Boitard de croire que je suis bien loin de confondre les collaborateurs du *Bon Jardinier* avec lui. Je leur ai rendu et rendrai toujours la justice qu'ils méritent. Ils n'avaient à exercer sur vous qu'un droit de contrôle , de surveillance , qu'ils n'ont sans doute pas assez étendu, mais qui ne les rend pas directement responsables de vos erreurs et de vos fautes ; attaqué par vous seul , je n'ai à répondre qu'à vous.

« *Et que moi, pauvre diable , faisant des articles de journaux et logeant dans un grenier (inspiration de M. Vibert , dont il aurait pu se dispenser de faire part à ses amis, car toute vérité n'est pas bonne à dire), que moi je n'entends rien aux sciences naturelles, puisque, dans l'ouvrage d'horticulture dont j'étais alors principal rédacteur, je n'ai pas adopté sa synonymie sur les roses.* » Je laisse à la sagacité du lecteur le soin de trouver le sens de la première partie de cette phrase. A la vérité, l'auteur a dit « *qu'il ne manquait que d'écrire en français.* » Quant à la deuxième partie, j'observerai à M. Boitard ce qu'il feint d'ignorer, c'est que la nomenclature de mon Catalogue se divise naturellement en deux parties : l'une , qui comprend les roses que j'ai trouvées et nommées, et c'est la plus faible ; l'autre , qui renferme les noms que j'ai trouvés établis par l'usage, ou donnés par ceux dont je les tiens : ce n'est donc pas à proprement parler ma nomenclature ; qu'au surplus je n'ai jamais rien dit qui eût pour but de prouver son avantage sur d'autres. J'ajouterai néanmoins qu'une partie des roses portées au *Bon Jardinier* me sont inconnues sous ces noms, ce qui d'ailleurs ne prouve rien contre elles.

Ici, M. Boitard, fidèle à son système de suppositions, en fait une d'une telle absurdité, qu'elle se réfute d'elle-même. Il suppose que, d'après ma réputation, un de ses amis, grand amateur, s'est rendu chez moi, et qu'après quelques complimens échangés de part et d'autres, j'ai tenu le propos suivant : « *J'avoue, monsieur, que l'*Essai sur les Roses *est admirable ; mais je dois avouer aussi qu'un de nos meilleurs écrivains a pris une bonne part à sa rédaction. — Bah ! comment faire pour le croire ? Il n'y a que vous qui puissiez…. — Vous êtes bien obligeant, mais le fait est vrai ; aussi lui enverrai-je une collection de mes plus belles roses. A propos de cela, il faut que j'envoie aujourd'hui mes plus belles roses à M. G.* Il est difficile de mentir avec plus d'impudence, si toutefois ce n'est là que mentir. Ma réponse sera bien simple ; je dirai à M. Boitard : Citez, si vous l'osez, le nom de votre ami, auquel vous faites jouer un si mauvais rôle et celui de M. G.

« *Monsieur, puisque vous voulez réformer tous vos devanciers, sans doute vous êtes un profond botaniste? —Moi, monsieur, je n'y entends rien, et je le déclare formellement dans les premières pages de mon livre.* »

Pour que cette phrase soit à-peu-près juste, il faudrait ajouter le mot *presque* avant *rien*. Cependant je me propose de donner des descriptions de roses; si elles ne sont pas savantes, je tâcherai qu'elles soient claires; apprêtez-vous donc, M. Boitard, à crier au scandale.

« *Vous êtes donc un grand agriculteur!—Pas davantage, puisque toute ma vie je ne me suis occupé qu'à vendre des cloux, du fil de fer et des couteaux de deux sous.* » Tout-à-l'heure je vous ai cédé, parce que vous aviez à-peu-près raison ; maintenant c'est autre chose, expliquons-nous. Non, sans doute, je n'ai pas les connaissances étendues que doit avoir un bon agriculteur, en prenant ce mot dans sa plus grande extension, et telles que doit les posséder, par exemple, le rédacteur principal du *Bon Jardinier;* mais je ne cultive que les rosiers, et ce n'est que sur les connaissances relatives à cette partie, qu'il vous est permis de me juger ; permettez-moi encore de vous demander si vous pouvez vous constituer mon juge, vous qui n'avez pas encore donné des preuves positives de vos talens en horticulture pratique. Puis, dites-moi, je vous prie, où serait donc le mal à avoir vendu des couteaux à deux sous ? Que ne disiez-vous donc de suite que j'avais été marchand quincaillier : cela eût été plus court, plus décent sur-tout ; mais non, il vous fallait du ridicule. D'ailleurs, vos prétendus amis vous ont bien mal instruit sur mon compte. J'ai servi huit ans avec honneur, j'ai quitté le service par suite de blessures reçues lors de la première campagne de Naples, et je cultive depuis quatorze ans.

« *Je trouve ridicule que l'on donne aux plantes des noms latins que je ne comprends pas*, rosa glandulosa, pallida, lutescens, *etc. ; moi j'efface tout ce grimoire, et je mets à la place le nom des personnes intéressantes par leur vertu, comme rose Manson, rose Pierret, Raucourt, Georges, ou remarquables par leur mérite, comme rose Vibert, J.-J. Rousseau, Molière, Voltaire, etc.*

Loin d'avoir trouvé mauvais que de tels noms aient été donnés, j'ai toujours dit qu'il fallait en agir ainsi lorsque les caractères le permettaient (page 68 du 1er. cahier) ; moi-même j'ai suivi ce précepte. M. Boitard est bien malheureux quand il cite ! Ici, brille sa bonne foi dans tout son éclat : il n'y a que sept erreurs dans les huit noms cités ; car bien que je sois censé l'interlocuteur, c'est bien réellement lui qui parle : d'abord le nom de Manson ne figure plus au Catalogue depuis quatre ou six ans; la rose Raucourt n'a pas été nommée par moi ; les noms de Georges, de J.-J. Rousseau, de Molière et de Voltaire n'ont jamais paru sur mes Catalogues ; quant à celle qui porte mon nom, un homme qui a été rédacteur principal du *Bon Jardinier* devrait savoir que cette rose, trouvée au fleuriste de Sèvres, m'a été dédiée par quelques amateurs réunis, qui probablement ne partageaient pas l'opinion de M. Boitard à mon égard. Le mal d'ailleurs ne serait pas d'avoir donné de tels noms à des roses, mais d'avoir choisi des fleurs qui n'en fussent pas dignes.

« *D'ailleurs, que vous ont fait les naturalistes, les savans, les hommes de lettres qui logent au grenier ?* Avant de répondre à cette phrase, je prierai son auteur de s'expliquer plus clairement ; je ne vois pas pourquoi M. Boitard veut toujours loger au grenier.

Vous avez du mérite, j'en conviens, et même assez pour faire avec le temps un excellent garçon jardinier, quoique vos confrères disent

*que non; tenez-vous-en donc là, si vous voulez
m'en croire*. M. Boitard, dont les compositions
n'ont coûté ni grande perte de temps, ni
grands efforts de génie, ignore sans doute qu'un
bon garçon jardinier n'est pas déjà une chose
si commune. Qu'à la faveur de sa coopération
au *Bon Jardinier*, il cherche à prendre rang
parmi les savans, cela se conçoit ; que dans un
ouvrage destiné à amuser le public, il fasse
preuve de ses qualités comme littérateur, par
l'insertion d'écrits pleins d'atticisme et forts de
raisonnement comme celui-ci, il a sans doute
raison ; mais qu'il prétende persuader au public
que je n'entends rien à la culture des rosiers,
voilà ce qui ne dépend pas tout-à-fait de lui. Mes
cultures, quelques succès, un peu de réputa-
tiou et les témoignages de bienveillance d'un
assez grand nombre d'amateurs lui donneront
toujours un démenti formel. C'était montrer
peu d'adresse que de m'attaquer de si près,
c'était même me servir que d'employer de tels
moyens de défense ; néanmoins je veux vous
offrir maintenant le moyen d'acquérir une triple
gloire : les connaissances en horticulture que vous
me refusez, moi je vous les suppose, et je ne
borne pas vos talens à la théorie seule. Choisissez un sujet quelconque, qui ait pour but

la culture des rosiers ; divisez vos chapitres,
donnez-m'en les textes, je vous laisse le maître
à cet égard, seulement permettez-moi de prendre mon épigraphe dans votre écrit. Travaillons
chacun de notre côté, convenons du jour où
nos deux ouvrages paraîtront ; que le public
décide entre vous et moi. Il y a peut-être de
ma part témérité ou présomption : qu'importe,
essayons ; sur-tout n'oubliez pas que vous avez
à parler à une classe instruite, qui connaît les
principes élémentaires ; n'ouvrez pas vos livres
pour y chercher ce qui est déjà consigné dans
vingt ouvrages différens ; ne cherchez pas, par
des translations de mots ou des circoncolutions,
à rajeunir de vieux préceptes que tout le monde
connaît. Sortons de ces sentiers battus ; que
chacun de nous, rappelant ses souvenirs, confie
au papier le résultat de ses méditations ou les
fruits de son expérience ; faisons connaître les
soins particuliers que réclament aujourd'hui un
grand nombre de variétés nouvelles; indiquons le
parti que l'art en peut tirer sous tant de rapports différens ; enfin, suivons-les depuis le
moment où la main de l'amateur en confie la
graine à la terre, jusqu'à celui où, parvenus à
un âge plus avancé, ils peuvent se dispenser
d'une partie de nos soins : la grande augmen-

tation de nos richesses en ce genre, depuis dix ans, rend cette matière presque neuve et vous ne l'épuiserez pas. Sur-tout de la bonne foi; travaillez seul, ayez la noble fierté de ne pas emprunter aux autres vos inspirations. Il ne s'agit pas de savoir lequel de nous deux écrira le plus correctement, le public n'exigera pas de nous un chef-d'œuvre d'éloquence, que ni vous ni moi ne saurions produire; de bons préceptes, appuyés sur une série d'observations judicieuses; des aperçus nouveaux, de la clarté dans les exposés, de la justice, de l'impartialité pour les autres si le sujet nous conduit à en parler; de la correction dans le style, de la décence dans les expressions, voilà ce qu'il peut seul exiger de nous. Et si un homme qui s'occupe plus de pratique que de théorie, et qui s'honore d'être le premier ouvrier de ses jardins, osait faire à un botaniste tel que vous une petite observation, voici ce que je vous dirais : Les caractères sur lesquels les savans se fondent pour le classement des rosiers ne sont pas toujours suffisans, et vous en conviendrez; pourquoi ne pas chercher dans le sein de la terre des renseignemens plus positifs, ou qui du moins donnent un nouveau poids aux raisons tirées de la végétation extérieure (je reviendrai sur ce sujet quand M. Boitard aura rendu son travail public). J'assure que sur ce sujet il y a de très-bonnes choses à dire, et qui sont certainement du ressort de la botanique. Vos mains, laissant quelquefois reposer votre plume expéditive, ont dû surprendre dans l'intérieur de la terre les secrets de la nature : qui mieux que vous peut nous faire connaître tout ce qu'offre d'intéressant cette partie intérieure de la végétation, si mal observée jusqu'à présent, et qui doit nécessairement faire le complément d'une bonne description botanique? Le défi que je vous propose n'est ni sans mérite ni sans gloire, nul doute que vous ne vous empressiez de l'accepter.

J'ai sans doute attaché trop d'importance à vous réfuter ; mais j'avais à me défendre d'une imputation odieuse. Non, le public ne prendra pas le change ; vainement vous avez dénaturé le motif de l'attaque et changé le lieu du combat. Non, jamais je n'ai voulu déconsidérer la science, ni mettre mon opinion à la place de celle des savans ; il suffit de me lire avec impartialité pour en demeurer convaincu. J'ai décrié quelques abus, signalé quelques erreurs, trahi quelques calculs d'intérêt, flétri quelques ridicules, blessé sans doute, sans le vouloir, quelques amours-propres : voici le véritable but de l'attaque et ce que vous ne me pardonnez pas. J'ai osé dire que le rédacteur principal du *Bon Jardinier* devait être un homme indépendant, qu'il ne devait subir l'influence de personne ; que dans un ouvrage destiné à faire connaître au public les meilleurs principes d'horticulture et les découvertes intéressantes en ce genre, il ne fallait rien donner au hasard, que tout devait être examiné avec le plus grand soin, jugé avec maturité, apprécié à sa juste valeur ; qu'il fallait se défendre des préventions de l'amour-propre, comme de celles de l'amitié, même des faiblesses de la bienveillance ; qu'il fallait interroger fréquemment cette partie intéressante de cultivateurs qui doivent à une longue expérience des connaissances positives, que ne peuvent toujours posséder au même degré les savans qui, par suite de leurs études, s'occupent plus spécialement de théorie. J'aurais pu appuyer mon sentiment par un bien plus grand nombre de citations, et je ne l'ai pas fait, je me suis arrêté là où la prudence me prescrivait de le faire ; aujourd'hui même encore, que j'aurais le droit d'employer de justes récriminations, je n'en dirai pas davantage ; car mon intention n'a pas été de blesser, mais d'avertir. Considérant le *Bon Jardinier* en lui-même, j'ai reconnu que cet ouvrage était d'une utilité incontestable (page 35, 1ᵉʳ, cahier), j'ajouterai encore qu'il a rendu d'importans services à l'horticulture. Si pour avoir dit cela, je suis un sot et un ignorant, c'est par des raisons et non par des injures qu'il me le faut prouver. Vous ne sauriez me donner pour excuse la rapidité du travail, puisque vous aviez près d'une année pour la rédaction de cet ouvrage. Vous m'objecterez peut-être que la rétribution accordée est insuffisante ; à cela je vous répondrai : Laissez à d'autres le soin de coudre au bout les uns des autres des articles communiqués ; demeurez indépendant si la vérité ne peut guider votre plume ; ne transigez pas avec des devoirs dont le public a droit de vous demander compte; conservez intacte votre réputation , c'est le premier bien d'un auteur ; elle ne doit jamais être mise dans la balance avec un peu d'argent. Renfermez la discussion'dans ses limites naturelles ; réfutez mes citations si elles sont fausses ou erronées; prouvez que, comme rédacteur principal du *Bon Jardinier*, vous avez rempli vos devoirs avec équité; ne cherchez pas à intéresser à votre cause des savans honorables, que vous exposez à rougir de se trouver cités dans un écrit scandaleux, ni des collaborateurs estimables, dont l'un, M. Vilmorin, a sa partie spéciale, qui n'est pas celle sur laquelle la difficulté s'est élevée; n'inventez pas de prétendues conversations, pour jeter ensuite du ridicule sur ce qui n'en est pas susceptible. Nommez sur-tout et ce M. G et votre ami prétendu, auquel j'aurais fait de si absurdes confidences, et qui ne vous remerciera sans doute pas du mauvais rôle que vous lui prêtez, et ces cultivateurs qui me taxent d'ignorance dans ma partie. Sur-tout changez de-style, l'injure et l'ironie sont de mauvais auxiliaires : alors vous pourrez intéresser le public en votre faveur. Non, il n'est pas en votre pouvoir de faire passer pour un ignorant celui qui un des premiers donna à cette culture une certaine importance. Rappelez-vous ce qu'étaient en 1815 les collections du premier rang, même celle du Luxembourg. Si, sous le rapport de la culture, de grandes améliorations ont été obtenues; si la nature, mieux connue, mieux étudiée, a récompensé les travaux des amateurs; si des relations étendues ont amené au centre de la France les tributs de l'Europe et même d'un autre hémisphère; si le nombre des amateurs s'est accru d'une manière prodigieuse, osez dire que je suis étranger à cette grande impression. Mes cultures de rosiers s'étendent aujourd'hui sur huit arpens de terres, et la bienveillance des personnes éclairées qui s'occupent de ce beau genre est peut-être la meilleure preuve en ma faveur, que je puisse opposer à votre jugement. Je pourrais vous dire encore que cet ouvrage que vous décriez a déjà été traduit dans une autre langue, et que plusieurs savans étrangers, en me témoignant leur satisfaction, ont bien voulu m'inviter à le continuer (1).

---

(1) Il existe entre mes mains un assez grand nombre de lettres provenant de savans ou de personnes qui possèdent en horticulture des connaissances étendues; toutes prouvent d'une manière évidente que M. Boitard est à-peu-près le seul de son avis à mon égard. Ces lettres seront communiquées sans déplacement aux personnes qui le désireront.

CHAPITRE II.

DES ACCIDENS, DE LA PANACHURE.

Bien que presque toutes les variétés de roses que nous possédons soient dues aux semis ou aux différentes contrées du globe, il en est néanmoins un certain nombre qui proviennent de quelque écart de la nature, dont les causes nous sont presque toujours inconnues. Ces dégénérations ont, en général, plus souvent lieu dans les deux points opposés de la végétation, c'est-à-dire dans l'excessive vigueur du sujet ou dans son état de dépérissement, et quelquefois encore en raison de l'âge des individus. L'art a déjà fixé un certain nombre de ces accidens, qui ne se soutiennent pas tous également bien, dans les cent-feuilles sur-tout, et qui tendent souvent à retourner à la variété qui les a produits. C'est parmi les cent-feuilles que nous trouvons le plus d'exemples de ces jeux de la nature, que l'art s'efforce de conserver, et qui, pour la plupart, disparaîtraient bientôt, si nous n'étions pas intéressés à leur conservation. Une culture soignée, l'emploi de la greffe

sur-tout sont indispensables pour quelques-
uns, notamment pour la variété à feuille de
chou, qui retournerait promptement à la rose
des peintres si on la négligeait. Il en est d'autres au contraire, telles que les cent-feuilles bi-
pinnées et à feuilles rondes, qu'une culture
trop soignée rappelle de même à la cent-feuilles
commune. Les roses sans pétales, œillet, ané-
mone et Vilmorin, présentent également la
même inclination bien prononcée à reproduire
les fleurs de la cent-feuilles. On ne peut trop
s'étonner de la propension naturelle et particulière que les cent-feuilles ont à s'écarter de
ce que nous considérons comme le type primitif. Il y a dans cette singularité remarquable
quelque chose de si prononcé et de si fréquent,
qu'on ne peut se lasser d'admirer le pouvoir de
la nature; une grande partie de nos cent-
feuilles proprement dites qui forment ma
première division, ne sont que des accidens
fixés, dont l'art s'est emparé et qu'il conserve
plus ou moins heureusement. Il est à remarquer que, dans ces occasions, la dégénération
des fleurs est presque toujours accompagnée
de celle du bois et des caractères principaux, et
que les cent-feuilles seules présentent quelquefois le phénomène de deux dégénérescences

successives sur le même sujet : j'en peux citer deux exemples, dont j'ai plusieurs fois été témoin. J'ai vu la cent-feuilles bipinnée dégénérer en cent-feuilles à feuilles rondes, et cette dernière produire des rameaux de la commune dans la même année. On voit souvent le pompon varin franc de pied donner naissance au pompon commun, et en même temps à une petite sorte de cent-feuilles qui est la rose chamois de quelques personnes, et que je crois la même que la fasciculée. J'ai plusieurs fois rencontré dans mes courses un assez grand nombre de cent-feuilles qui ne présentaient pas entre elles des différences bien sensibles, et qui n'étaient que le résultat de ces jeux de la nature. Tout le monde sait que la Vilmorin particulièrement, étant greffée, produit sur le même sujet des fleurs carnées, roses et même panachées, indice certain de son prochain retour à la cent-feuilles. L'unique était restée la seule jusqu'à présent, à ma connaissance du moins, qui avait conservé sans altération sa couleur blanche; mais elle vient enfin de trahir son origine. Cette rose est une de celles qui méritent de fixer l'attention des observateurs éclairés. C'est peut-être la première dégénérescence bien constatée que nous possédions; c'est encore la seule qui l'ait soutenue aussi long-temps, malgré sa culture répandue, sans aucun indice de retour à son type; c'est la seule enfin où la dégénération ait altéré la couleur d'une manière aussi sensible.

Les semis généralement des cent-feuilles n'ont produit que des individus dont les fleurs étaient d'un rose plus ou moins foncé; ce n'est que par la fécondation de sortes étrangères aux cent-feuilles que nous possédons, en hybrides, des couleurs plus pâles. Si toutefois il est bien prouvé que la nouvelle mousseuse blanche ait été obtenue de semence, ce serait encore la seule exception à citer; hors dans la Vilmorin et la mousseuse blanche, la dégénération n'a que modifié la couleur, l'unique paraît la seule où la couleur primitive a totalement disparu; car la teinte rose qui colore les pétales extérieurs, est une particularité commune aujourd'hui à plusieurs variétés de classes différentes.

Nous possédons maintenant cette belle rose à fleurs panachées, ou, pour mieux dire, à pétales de deux couleurs; j'en ai vu, en 1825, plusieurs beaux sujets dont toutes les fleurs étaient telles. La nature, dans les cent-feuilles, semble s'être plue à montrer toute l'étendue des moyens dont elle dispose, et offre à l'homme qui sait observer une vaste carrière à ses réflexions. En effet, depuis les rameaux les plus grêles jusqu'au bois le plus vigoureux; depuis la fleur et la feuille du pompon jusqu'à celle de la variété dite à feuille de chou; depuis la rose dépourvue de pétales, jusqu'à celles dont le nombre s'oppose à l'épanouissement; depuis le blanc le plus pur jusqu'au rose le plus foncé, elle parcourt tous les intermédiaires et offre toutes les nuances. C'est dans cette seule classe que se font remarquer ces monstruosités singulières, ces transitions subites dont l'imagination étonnée cherche en vain la cause ou la nécessité. Toutefois, il est utile d'observer que ces jeux, ces déréglemens pour ainsi dire de la nature, n'ont lieu que parmi les individus composant la première division; je ne pourrais citer aucun exemple analogue dans ceux de la deuxième. On pourrait dire d'eux, si on peut s'exprimer ainsi, que le mariage des parens a rendu les enfans sages. Ce n'était pas encore assez pour la nature d'avoir fait éprouver au bois, aux feuilles, aux fleurs toutes ces modifications diverses et opposées, elle convertit encore en une sorte de mousse les poils qui couvrent ces parties. Ici

se présentent en foule de nouveaux sujets d'é-
tonnement et de réflexions. Quelle est la cause
primitive qui, dans l'origine, a pu déterminer
d'une manière aussi frappante la métamorphose
des poils et même des aiguillons qui recouvrent
les différentes parties des cent-feuilles, sans que
cette particularité unique, que la nature opère
sur cette classe seulement, ait altéré sa végétation? On a fait à cet égard plusieurs conjectures dont aucune ne paraît pouvoir sou-
tenir un examen approfondi. On a prétendu
que le bédéguar avait pu, par les semences
qu'il contenait, et qui quelquefois parviennent
à maturité malgré cette maladie de l'ovaire,
donner lieu à cette espèce de mousse. Mais
pour détruire cette assertion, il suffit de remarquer d'abord que l'insecte qui, en dépo-
sant ses œufs sur l'ovaire, produit, par le dérangement qu'il cause dans l'organisation de
cette partie, ce que nous appelons le bédéguar,
n'attaque que les diverses variétés d'églantiers,
bien rarement même les hessoises, qui en dérivent, et jamais les autres rosiers sans aucune
exception. On pourrait croire à toute rigueur,
dans ce cas, à la possibilité d'un églantier
mousseux; mais on ne saurait admettre qu'une
variété d'églantier quelconque puisse produire

une cent-feuilles et sur-tout une cent-feuilles
non altérée. Or, l'églantier a ou n'a pas été
altéré dans ses organes par le pollen d'autres
sujets. S'il ne l'a pas été, certes il ne peut rendre que son espèce; s'il l'a été, et remarquons
qu'il faudrait que ce fût seulement par une
cent-feuilles franche, on conviendra que les individus qui en pourraient provenir ne sauraient
dégénérer au point de perdre entièrement les
caractères afférens à l'espèce qui a produit.
L'expérience à cet égard m'a toujours démontré, d'une manière évidente et incontestable,
que quand un individu quelconque a été fécondé
par un seul autre, les caractères principaux
des deux se retrouvent dans ceux qui en proviennent d'une manière assez prononcée, pour
que l'œil exercé d'un bon observateur puisse
les y reconnaître assez facilement ; et que quand
plusieurs variétés ont concouru puissamment
à l'altération du sujet qui produit, les individus qui en proviennent perdent bien à la vérité
les caractères particuliers au même sujet, mais
présentent alors dans leur physique un dérangement si complet, un aspect si singulier
qu'on ne sait plus où les classer.

Madame de Genlis nous apprend, dans sa *Botanique historique*, que ce fut elle qui apporta

d'Angleterre à Paris le premier pied de rosier mousseux. Il est à regretter qu'on ne puisse aujourd'hui retrouver son origine précise et connaître les détails qui y sont relatifs. Cette rose est très-multipliée en Angleterre, où je crois qu'elle réussit mieux qu'aux environs de Paris. Si j'étais appelé à donner mon sentiment sur ce rosier, je ne balancerais pas à le considérer comme un accident fixé dans son origine, et multiplié en grand à cause de sa singularité, à une époque où les savans seuls s'occupaient de recherches scientifiques. Nous avons quelques exemples de mousseuses dégénérées ; mais nous n'en avons aucun qui indique son retour à la cent-feuilles : le seul peut-être qui pourrait faire exception serait la mousseuse panachée, dont je parlerai plus bas. Des pieds de mousseuses abandonnés à eux-mêmes m'ont offert quelquefois des roses très-peu mousseuses, mais en cela seulement, que la mousse m'en a paru plus courte et moins frangée, mais ne présentant d'ailleurs aucune partie nue comme dans la panachée. La mousseuse simple, qui a plus souvent sept et neuf pétales, que cinq, pourrait bien ne pas avoir une autre origine. Le nombre des roses mousseuses qui me sont connues et que je cultive, s'élève à treize. Toutes, hormis trois, ne

me paraissent que des accidens fixés ou créés
par l'art. Nous devons aux Anglais les mousseuses simples, pompon, couleur de chair, blanches et à feuille de sauge : j'ai à regretter que,
même en Angleterre, il ne m'ait pas été possible
de me procurer sur cette intéressante partie des
cent-feuilles tous les renseignemens que j'aurais
désirés. Nous ne possédions encore que trois
variétés de mousseuses lorsque la blanche pa-
rut. Le goût des roses, déjà à cette époque, avait
pris une certaine extension : outre l'avantage
qu'elle avait de paraître en temps opportun,
une mousseuse qui s'écartait si sensiblement
de la couleur des autres, devait fixer et fixa
l'attention des amateurs. On n'est pas d'accord
en Angleterre sur l'auteur de cette rose, ni sur
les moyens qui l'ont procurée : ce que j'ai
recueilli à ce sujet est trop vague pour être
rapporté ici ; néanmoins tout porte à croire
qu'elle n'est pas due au hasard seul, et que l'art
a provoqué sa naissance. On n'est pas plus instruit sur le pompon mousseux, qui paraît avoir
été trouvé à Guernesey. L'absence de renseignemens positifs sur ces roses si intéressantes
sera toujours, pour les vrais amis de la culture
d'agrément, un vif sujet de regret. On s'accorde
en Angleterre à reconnaître comme l'auteur de

la mousseuse blanche nouvelle et de celle à feuille de sauge, M. Shailer, cultivateur, qui les a obtenues de semence. Le gain de ces deux roses, même au milieu de nos richesses, est une chose de la plus haute importance ; il prouve que le caractère particulier de ces roses peut se conserver par la semence, et qu'elles sont même susceptibles de produire des variétés du plus grand intérêt. A la vue de la mousseuse à feuille de sauge, une réflexion bien naturelle se présente à l'esprit, on cherche à découvrir quelle variété a pu féconder l'individu qui la produit. Ici, avouons-le, la sagacité de l'observateur est en défaut, et il est difficile d'admettre une présomption raisonnable ; dans les points principaux de son organisation, cette rose diffère autant du type que de tout ce que nous connaissons : ses feuilles, son bois, la forme de ses pétales lui sont particuliers, et ne présentent aucune analogie avec d'autres. A la suite de ces deux mousseuses, se place naturellement celle de la Flèche, obtenue également de semence, par M. Le Meunier, amateur de cette ville ; elle confirme la reproduction de ces roses par le moyen des semences, et doit exciter au plus haut degré l'attention des cultivateurs qui s'occupent de semis. Ce rosier singulièrement remarquable par la teinte brune foncée de toutes ses parties, est beaucoup plus mousseux qu'aucun autre ; la mousse qui le recouvre s'étend jusque sous les nervures des feuilles, le bord de leur dentelure et même leur épiderme ; la fleur, dont les pétales, de forme allongée, ne dépassent pas le nombre de quarante à quarante-cinq, donne l'espoir qu'elle pourra donner du fruit. M. Redouté a devancé le vœu du public en donnant, dans les derniers cahiers de son grand ouvrage, la figure et la description de ce rosier. Au milieu de l'obscurité qui entoure l'origine de nos premières mousseuses, c'est quelque chose de bien agréable pour moi, que de pouvoir signaler à la reconnaissance des amateurs les noms de MM. Shailer (1) et Le Meunier. Ce succès inespéré deviendra, je n'en doute pas, le germe d'une noble émulation, et mérite de fixer l'attention des sociétés horticulturales. La mousseuse panachée, provenant d'un rameau de la mousseuse blanche, a été trouvée dans les environs de Rouen. Nous devons à cette dégénération une des roses les plus curieuses de cette classe, et une des alté-

____

(1) Nous devons également à ce cultivateur anglais le *rosa gracilis*.

3.

rations les plus frappantes que les mousseuses nous offrent. Cette rose, faiblement double, plus souvent semi-double, mais bien panachée, présente une singularité assez constante. L'ovaire, dont le fond est glabre, n'est mousseux que par parties, et la mousse, moins prononcée que dans les autres variétés, se trouve placée dessus par bandes longitudinales. La mousseuse, semi-double que nous cultivons depuis quelques années, est bien probablement un accident fixé : je n'ai pu découvrir celui qui le premier s'en aperçut ; mais j'ai tout lieu de croire que c'est dans les environs de Paris qu'il s'est fait d'abord remarquer. Cette rose, d'une belle couleur, plus foncée que la double commune, se recommande par sa facilité à donner du fruit, et sous ce rapport ne saurait être trop multipliée. Il est une autre mousseuse que je multiplie en ce moment, dont la fleur, extrêmement pleine, mais d'un épanouissement difficile, acquiert un volume considérable. Cette belle rose est presque aux mousseuses ce qu'est la foliacée aux cent-feuilles ; elle aura besoin d'être cultivée, greffée sur des sujets vigoureux, pour faciliter le développement de ses fleurs. Cette rose est encore un accident trouvé et fixé en France.

Ce coup-d'œil rapide, jeté sur les cent-feuilles en général, prouve combien est grande l'inclination qu'elles ont reçue de la nature non-seulement à se modifier et à s'altérer naturellement, mais encore pour se prêter jusqu'à un certain point aux essais que l'homme peut tenter sur elles. Ces motifs doivent porter ceux qui, par leurs loisirs et leurs connaissances, peuvent utilement faire le sacrifice d'un peu de temps, à s'occuper de quelques expériences variées et suivies sur-tout avec persévérance. Les Anglais ont senti avant nous la possibilité du succès à l'égard des mousseuses, et le résultat de leurs essais a prouvé qu'ils ne s'étaient pas trompés.

Après les cent-feuilles, la classe des *alba* est celle qui présente le plus de ces écarts de la nature dont l'art a su tirer parti. La feuille de chanvre et le pompon Bazard furent long-temps les seuls connus. Depuis quelques années, la Surprise, provenant d'une Céleste blanche et Placidie d'une Royale, sont venues en augmenter le nombre. Le pompon Bazard, auquel j'ai conservé le nom de l'amateur qui l'a trouvé, fait partie du très-petit nombre des roses dues à des accidens et qui ne se sont jamais démenties. Cette rose, une des plus jolies du genre, ne laisse rien à désirer, et doit faire partie de toutes les collections. Les damas et les quatre-saisons ne présentent que quelques altérations, dont le pompon des quatre-saisons est le plus remarquable. Ce rosier intéressant et unique dans son espèce est, ainsi que le pompon mousseux, d'une délicatesse sans exemple. Leur végétation à la première année s'annonce d'une manière satisfaisante ; mais dès l'automne, même sans qu'ils aient été déplantés, l'extrémité des rameaux périt, et la mortalité s'étend souvent jusqu'à la greffe même. J'ai acquis la certitude qu'ils supportent difficilement l'emballage, même pour peu de jours. Le pompon quatre-saisons se multiplie facilement franc de pied, mais ne résiste pas mieux ; greffé, je n'ai pu encore le conserver trois années de suite, malgré que je l'aie greffé sur des sujets autres que l'églantier. La nature, si prodigue, sous ce rapport, envers les cent-feuilles, semble s'être épuisée sur elles, et ne présente plus dans les autres classes que quelques altérations rares ou fugitives. J'ai, en 1816 et 1817, vainement cherché à fixer dix ou douze accidens bien prononcés, survenus à la vérité sur des rosiers étrangers aux cent-feuilles ; depuis, je n'ai pas été plus heureux.

Le rosier, malgré sa grande quantité de variétés, compte moins de panachures que les autres genres , encore n'y sont-elles ni aussi constantes ni aussi prononcées. La cent-feuilles à bois et feuilles panachées serait l'exemple le plus frappant que nous pourrions citer ; mais les panachures de ce rosier ne se soutiennent que par l'attention continuelle qu'il faut avoir de ne prendre les yeux que des feuilles bien panachées, encore ce moyen est-il si incertain, que je le supprimerai du catalogue. Dans les rosiers où la panachure est accidentelle, presque toujours les rameaux présentent les deux excès opposés ; car, ou ils sont vigoureux, et alors ils ne sont que peu ou point panachés, ou ils sont faibles, et dans ce cas ils sont jaunes; l'extrémité de ces rameaux et les jeunes feuilles qui les terminent sont comme brûlés, signe d'une mortalité prochaine. J'ai obtenu de semence, il y a cinq ou six ans, une pimprenelle rose semi-double à feuilles panachées, qui prouve que la panachure de naissance peut quelquefois être assimilée à l'accidentelle. Ce pied végétait bien, et avait conservé pendant deux ans, sans altération, son feuillage panaché; mais à la troisième année, des rameaux vigoureux surgirent du pied sans aucune panachure, je les supprimai successivement ; mais l'année suivante je perdis ce sujet, après avoir tout fait pour le contraindre à me donner des feuilles panachées ; la nature fut la plus forte, il fallut lui céder. J'avais greffé ce rosier avant de le perdre, et je le conserve encore en pot avec des soins soutenus. Peut-être un jour pourrons-nous greffer les panachures avec plus de succès sur les deux sortes dont j'ai à parler.

Nous possédons maintenant un bengale dont l'écorce est striée de lignes vertes et jaunes pâles plus ou moins larges, qui s'étendent souvent depuis la naissance des rameaux, jusque même l'extrémité des sépales ou divisions du calice. Son fruit est également tranché de bandes vertes ou jaunes disposées irrégulièrement ; quelquefois aussi il est entièrement jaune pâle. La panachure se soutient chez lui mieux que dans les autres ; néanmoins j'ai quelquefois vu des rameaux dégénérer en tout ou en partie, quelquefois encore reprendre leur panachure, ou produire eux-mêmes des rameaux panachés. Il est, comme tous les individus chez lesquels la panachure n'est pas inaltérable, plus délicat que les autres : ce bengale est une sous-variété du commun et mérite d'être cultivé pour sa singularité. Les renseignemens que je me suis procurés m'indiquent la Pologne pour le pays qui l'a vu naître ; c'est encore jusqu'à présent le seul phénomène de ce genre que les bengales nous présentent. J'ai environ une vingtaine de graines en terre qui en proviennent, il serait à désirer qu'elles réussissent. J'ai obtenu, il y a deux ans, des semences de l'églantier semi-double une variété à fleurs simples , dont l'écorce , striée de vert et de jaune , présente une ressemblance frappante avec le bengale dont je viens de parler ; les pédoncules et les fruits étaient de même striés. Je l'ai greffé et semé en 1825 ; s'il se soutient , il est probable que ce sera sur lui qu'il faudra essayer de greffer quelques panachures, qui tôt ou tard nous échapperont. Je ne parle pas ici de quelques sortes chez lesquelles la panachure des feuilles ou des fleurs ne subit jamais d'altération , et qui par cette raison n'appartient pas à ce sujet ; mais il est une observation importante , sur laquelle on ne saurait trop appeler l'attention des amateurs , c'est de saisir avec empressement tous moyens quelconques qui ont pour but de forcer la nature à s'écarter des productions dont elle est trop prodigue , et la contraindre , à force d'art , à leur donner, s'il est permis de s'exprimer ainsi , une autre physionomie.

CHAPITRE III.

DES ROSIERS CONSIDÉRÉS SOUS LE RAPPORT DE LEUR
REPRODUCTION PAR SEMENCE.

Oh ! qu'il dût être heureux celui qui le premier, soit hasard, soit intention, ayant confié des semences à la terre, s'aperçut que la nature pouvait encore varier ses productions ou les améliorer ; mais pour obtenir de cette découverte quelques résultats moins incertains que ceux dus au hasard seul, que de temps on a dû employer ! Que d'études il a fallu faire, avant de parvenir à connaître une partie des causes d'un tel phénomène ! Modernes sybarites, que les apprêts ou l'attente d'un dîner peuvent occuper huit jours entiers, qui n'échappez à l'ennui de vous-mêmes qu'au milieu du tourbillon du grand monde, non jamais vous ne concevrez de telles jouissances, jamais vous ne pourrez croire que des plaisirs si simples puissent être achetés par des années entières de soins assidus. Trop heureux encore si, pour prix d'un zèle aussi soutenu, la nature ne refuse pas à nos efforts la seule récompense que nous ambitionnons ! A la vue de tant de merveilles, que d'idées s'offrent à la pensée ! Quel étonnant spectacle pour l'homme qui sait observer, que ces jeux, ces écarts de la nature et cette inépuisable fécondité, provoqués par l'industrie, dont on ne peut assigner les limites ! L'ame s'élève à la vue de ce pouvoir créateur qui semble forcer la nature même et la rendre tributaire de l'intelligence humaine. L'homme revendique avec orgueil la part qu'il a prise à ces paisibles conquêtes, et trouve au milieu de ses succès de nouveaux moyens de les étendre encore.

Il est probable que, dans l'origine, les premières semences du rosier furent dues au hasard, peut-être est-ce en Hollande que les premiers essais furent tentés. Il est certain qu'ils ont semé avant nous ; mais il ne serait pas facile de déterminer l'époque où ils commencèrent. La rose de Provins, répandue depuis longtemps dans une grande partie de l'Europe, fut sans doute une des premières qu'on sema ; et ceci explique pourquoi, pendant un grand nombre d'années, les variétés de cette rose furent à-peu-près les seules cultivées. Ces rosiers constamment fécondés les uns par les autres ont conservé long-temps, presque sans altération, leurs caractères distinctifs. Elles obtinrent en Hollande une préférence marquée, et la plus grande partie des collections de ce pays ne sont encore composées que de provins et de belgiques à très-peu d'exceptions près. Au milieu de l'abondance de ces roses où nous nous trouvons aujourd'hui, nous sommes forcés de ne les admettre qu'avec beaucoup de circonspection ; car il devient assez difficile maintenant de trouver dans cette classe des feuillages et des fleurs qui s'écartent bien sensiblement de ce que nous possédons. J'ai senti, il y a déjà quelques années, que l'uniformité du feuillage, du port et des principaux caractères des provins entraîneraient à de grandes difficultés pour les reconnaître, même au moment de la floraison, et je me suis attaché plus spécialement aux classes dont les variétés provenant de semences présentent entre elles des différences beaucoup plus prononcées. L'inspection du catalogue prouve que quelques succès ont couronné mes essais ; depuis, quelques amateurs, imitant mon exemple, ont été aussi heureux. Du temps de Dupont, on ne connaissait qu'environ dix variétés d'*alba* ; M. Descemet n'en augmenta le nombre que de quatre, aujourd'hui j'en connais et cultive plus de soixante variétés, toutes intéressantes. Ici, je ferai remarquer que les roses de cette classe réunissent des avantages qui leur sont particuliers et que nous ne trouvons pas toujours à un degré aussi prononcé dans les autres espèces. Leur bois, leur port, leur feuillage, la forme et la direction de leurs aiguillons, même en l'absence des fleurs, les font aisément distinguer. Cette facilité de les reconnaître ajoute beaucoup au mérite de leurs fleurs, qui ont encore pour elles l'avantage d'une grande variété de formes, et dont les couleurs, qui s'étendent maintenant depuis le blanc jusqu'au pourpre clair, ne présentent pas les variations désespérantes des provins. Je n'ai jamais trouvé d'*alba* que dans les semences des individus de l'espèce, et je ne les crois pas susceptibles d'être fécondées par les provins, au moins qu'après plusieurs altérations successives. C'est le cas ici de consigner une observation qui n'est pas sans importance, et qui peut servir d'indice dans l'examen de quelques points, même sous les rapports botaniques. L'insecte qui, au printemps, dépose ses œufs sur les jeunes pousses, et dont il résulte un ver qui arrête la croissance du bourgeon ou en détruit la fleur, attaque particulièrement les classes des *alba*, des églantiers, des alpes, quelques

autres, mais plus rarement, et jamais les provins. Le tort que cet insecte fait aux *alba* surtout dans de certaines années est tel, que souvent il détruit presque entièrement les fleurs
de cette espèce : on ne peut douter que la raison
qui le porte à attaquer ce rosier de préférence
à d'autres, ne soit tirée du besoin de procurer
aux vers qui proviendront de ses œufs une
nourriture appropriée à sa nature. L'instinct de
cette mouche ne suffit-il pas pour nous démontrer l'analogie qui existe entre ces diverses espèces, et nous porter à croire qu'elles ont
quelques inclinations à se féconder mutuellement ? Et en effet nous possédons en *alba*
plusieurs variétés altérées par celles de l'églantier. On s'est peut-être, dans certains cas, attaché avec trop de minutie à des indices plus
ou moins variables en raison de la température ou des localités, pourquoi la nature ne
serait-elle pas étudiée dans ce qu'elle présente
de plus constant ? L'instinct de ces insectes à
cet égard humilie notre raison ; car ils ne se
trompent pas, et plus d'une fois je me suis
servi d'eux pour éclaircir des doutes. Les maladies des rosiers nous offrent encore quelques
ressources pour nous aider dans leur classification. La rouille attaque les feuilles de quel-

ques quatre-saisons et damas, mais particulièrement les cent-feuilles ; le meunier cor-
rode le bois et brûle les feuilles des provins ;
mais ces maladies perdent de leur intensité
lorsque les individus qui en sont atteints s'é-
loignent de leurs types. Combien les racines,
ces parties si intéressantes et si mal observées,
ne peuvent-elles pas nous prêter de secours !
C'est à moi peut-être, qui, pendant six mois de
l'année, suis à même de les examiner sur un
nombre prodigieux de plants de toutes les espèces ou de semences, qu'il appartient au moins
d'indiquer l'étendue des ressources qu'elles peuvent nous offrir. Comme la végétation extérieure, elles ont leur manière de végéter particulière et leurs caractères propres. Un peu
d'habitude de la culture et quelque intelligence
suffisent pour déterminer à quelles espèces elles
appartiennent. Mes ouvriers ne sont pas des savans à beaucoup près ; mais à la vue des racines
seules, ils jugent presque avec certitude les espèces où elles se rapportent ; un homme de ca-
binet, qui m'a traité d'ignorant, n'en pourrait
certainement pas dire autant. La couleur, la
grosseur, la direction, la division de ces racines, sont des caractères souvent plus sûrs
que ceux que nous empruntons à la végétation

extérieure. Il est encore plusieurs rapports sous lesquels les rosiers pourraient être considérés dans leurs productions visibles ou cachées ; mais où est l'homme qui, possédant une fortune indépendante, réunissant d'ailleurs toutes les qualités nécessaires, hormis qu'il ne fût né tourmenté, dévoré même du besoin de tout approfondir, oserait, le jour comme la nuit, l'été comme l'hiver, braver l'inclémence des saisons et sacrifier son repos pour obtenir, après de longues années d'études et de méditations, une stérile célébrité ?

Pour connaître tout le pouvoir de la nature et ses inépuisables moyens de fécondité, il faut avoir semé avec ordre (1). A la vue d'un tel semis, qui prouve jusqu'à quel point l'organisation primitive peut être altérée, les idées se confondent, l'imagination étonnée s'épuise en

---

(1) En parlant des semis faits en ordre, j'entends des semences d'espèces et de variétés différentes semées à la suite les unes des autres, bien séparées, et dont la note, indiquant leurs noms et leur position, a été conservée ; mais de tels semis demandent de très-grandes précautions, afin d'être parfaitement certain qu'aucune graine n'a été mêlée : autrement, on pourrait se trouver induit dans de graves erreurs. Les mulots et les musaraignes, qui mangent et déplacent les fruits et les graines de rosier, demandent à cet égard la plus grande surveillance.

conjectures, inutiles assez souvent, mais où elle se complaît. Ces moyens cachés mais réels que la nature emploie ; ces molécules de poussière si fines, si déliées, constamment chariées dans l'air pendant la floraison, modifient, dénaturent quelquefois à un tel point les caractères inhérens aux sortes où elles s'arrêtent, que les traces des caractères particuliers au sujet qui a produit la semence, disparaissent entièrement et ne présentent plus que ceux qui appartiennent généralement au genre. Diane de Poitiers m'est sortie de la feuille de chanvre, Gabrielle d'Estrées et Jeanne d'Arc de la belle Elisa, la nouvelle Redouté de la belle Henriette, plusieurs variétés de noisettes et de bengales d'une espèce qui ne fleurit qu'une fois. L'an dernier, un *sempervirens major* placé près d'une belle Henriette m'a donné cette dernière à fleur pleine. Je pourrais citer beaucoup d'autres exemples de roses qui déconcerteront toujours ceux qui veulent les soumettre à un classement trop borné, ou qui prennent trop en considération la sorte d'où elles dérivent. Cependant, au milieu de tous ces écarts, l'expérience démontre que quelques classes ont plus de propension à s'allier avec de certaines, qui souvent n'ont en apparence que peu ou point d'analogie avec elles. D'abord il ne faut pas perdre de vue que les roses seules qui fleurissent ensemble peuvent se féconder mutuellement : aussi trouvons-nous en général beaucoup moins de variétés dans les premières qui fleurissent que dans les dernières, quoique la plus grande partie de ces premières soient simples. Nous avons les preuves d'églantiers et de roses des Alpes fécondés par les bengales, de pimprenelles et d'*alba* qui l'ont été par l'églantier, de bengales altérés par les provins ; mais combien d'autres sur lesquels on n'ose pas même hasarder de conjectures ! L'habitude de l'observation et de grandes connaissances sur ce sujet peuvent néanmoins nous guider jusqu'à un certain point ; mais il vaut toujours mieux rester sur un doute que de chercher à tout s'expliquer : c'est dans ces occasions qu'il faut s'armer contre soi-même d'un scepticisme raisonnable ; car forcé, de raisonner souvent par analogie et de choisir parmi des probabilités , une première erreur serait bientôt suivie de beaucoup d'autres. Les bengales sembleraient mieux disposés à être fécondés par les autres qu'à les féconder eux-mêmes : en effet je n'ai jamais trouvé d'hybrides de bengale que dans ses propres graines ; le rosier glauque , au contraire , qui a contribué à l'altération de deux ou trois pimprenelles, n'a pas encore rendu par ses semences la plus légère différence. Je ne connais pas de rosier plus rebelle que celui-là ; j'ai été à même d'en voir chez les autres et chez moi une très-grande quantité de semences qui n'ont jamais donné que leur type. Je n'ai pas encore remarqué que les bengales aient croisé avec les pimprenelles, bien que ces deux espèces fleurissent ensemble ; mais j'ai trouvé des pimprenelles dans les semences du rosier jaune simple, qui avaient hérité seulement d'une partie de sa couleur. J'ai en ce moment quelques semences de bicolor qui ne me paraissent pas devoir être autre chose ; je crois au surplus qu'il serait possible de ne regarder le bicolor ou capucine que comme un accident ; car on remarque souvent sur ce rosier des fleurs panachées, tout-à-fait jaunes, et même des branches entières qui ont dégénéré. La nature, un peu coquette, laisse encore beaucoup à l'espérance et aujourd'hui que cette culture a reçu une si grande impression, nous pouvons croire encore à d'intéressantes découvertes. Plus on étudie la nature dans ce beau genre, et plus on la reconnaît inépuisable. Il est une remarque importante que fait naître l'examen des roses obtenues de semences : c'est qu'au milieu de toutes les fécondations naturelles qui ont lieu, sur-tout dans les jardins qui réunissent dans un espace borné par des murs un grand nombre d'espèces ou de variétés, les caractères peuvent se fondre et s'altérer d'une manière très-sensible, sans que néanmoins toutes les sortes qui ont pu contribuer à la formation d'une hybride quelconque, puissent lui donner, sous le rapport de sa végétation, des dispositions qu'aucune d'elles n'avait : par exemple, il n'y a pas de doute que le *rosa reversa*, sorti d'un bengale, n'ait été altéré, lors de la floraison de ce même bengale, par le pollen de la rose des Alpes, qui a dérangé au plus haut degré son organisation; mais le caractère de ses rameaux sarmenteux n'a pu lui être procuré que par une variété qui elle-même les avait ainsi; et cette même disposition dans le rosier des Alpes aurait pu, dans de certains cas, être également détruite ou altérée, si ce rosier se fût trouvé fécondé par ceux qui ont reçu de la nature des dispositions contraires. Deux sortes d'altérations bien distinctes ont lieu dans les roses : l'une s'opère entre les variétés d'une même classe qui n'ont pas subi de modifications telles que les principaux caractères en aient été sensiblement affectés;

l'autre se rencontre parmi les individus résultant de fécondations opérées par des sujets de classes différentes ou hybrides eux-mêmes. Dans le premier cas, il n'existe aucun doute sur l'espèce ; dans le second, au contraire, on se trouve souvent arrêté par des difficultés sans nombre, et bien capables de mettre en défaut la sagacité du plus habile botaniste. L'habitude de cette culture offre en ce cas quelques ressources ; mais il ne faut pas s'arrêter seulement aux caractères principaux : toutes les parties même les moins saillantes du sujet, depuis l'extrémité de ses rameaux jusqu'à ses racines, doivent être soumises à un examen minutieux. La forme, la saillie plus ou moins prononcée des yeux, la couleur, la denture, la position des feuilles ou des aiguillons, la teinte plus ou moins prononcée que le soleil procure aux bourgeons, la direction qu'ils affectent ; tous ces détails enfin, qui ne sont que des indices secondaires, ne doivent pas échapper à l'investigation d'un amateur éclairé. La terre même ne doit pas être impénétrable à nos regards : là s'arrêtent les secours que nous prête la botanique ; mais nous n'en devons pas moins chercher dans son sein les moyens d'éclaircir nos doutes ou de fixer nos opinions. L'étude des racines peut être considérée comme l'anatomie de cette science, leur inspection indique leurs besoins et la qualité des terres qui leur conviennent. En déplantant avec soin, après trois ou quatre ans, un certain nombre de rosiers de semences provenant de graines récoltées indistinctement sur divers sujets, on sera frappé des différences que les racines présentent : alors elles s'offrent à nos regards avec toutes leurs dispositions naturelles; vierges encore et sortant des mains de la nature, c'est le moment de les bien observer; plus tard, le fer, la culture et notre industrie pourront bien les tourmenter au profit de nos jouissances, mais au préjudice de leur organisation primitive. Dans les rosiers de semences peu ou point altérées, dus, à la vérité, à nos soins, mais qui n'ont encore subi que les lois de la nature, on remarque que les caractères sont plus fortement prononcés et la végétation beaucoup plus vigoureuse que dans ceux des mêmes classes que nous multiplions par les moyens qui leur sont propres. J'ai vu chez moi des noisettes et des *sempervirens* levés en avril, et qui à la fin d'octobre avaient déjà des racines à pivot de vingt-quatre pouces de longueur. La mousseuse de la Flèche surpasse de beaucoup les autres par l'abondance de sa mousse, répandue avec une sorte de profusion sur toutes ses parties. La nature tend toujours à reprendre ses droits aussitôt qu'elle peut s'affranchir du joug de notre industrie; inépuisable dans sa fécondité autant qu'incompréhensible dans ses moyens, elle répète quelquefois chez nous les productions qu'elle a créées à des distances immenses. C'est ainsi que le *sempervirens major* m'a donné des variétés qui ont une ressemblance frappante avec des rosiers provenus de graines reçues de l'Inde. Nous possédons de même maintenant quelques variétés de muscates qui n'en sont pas sorties. J'ai vu en Angleterre plusieurs rosiers nés de graines reçues de ses diverses possessions dans l'Inde et qui avaient des rapports très-prononcés avec plusieurs noisettes de ma troisième division. Il résulte de cela que quelquefois la nature peut faire au moins à-peu-près la même chose avec des élémens différens. S'il est un grand nombre de roses qu'elle reproduit fréquemment parmi les semences, il en est une certaine quantité qu'elle n'a jamais répétée et qui s'écartent très-sensiblement des autres. Parmi ces dernières, nous en trouvons qui n'offrent encore que des exemples uniques de croisemens particuliers : tel est, dans les pimprenelles, Estelle, que nous devons sans doute à la fécondation d'un quatre-saisons, et le bengale dont je parle à son chapitre, dû à la même cause. Quelques roses paraissent le résultat d'une fécondation opérée par les poussières séminales de plusieurs espèces ou variétés, qui ont tellement dérangé l'organisation primitive du sujet qui a produit, qu'il devient impossible de déterminer à quelles classes elles peuvent appartenir. La nouvelle Redouté, toute-bizarre, Valérie, Thaïs, l'archiduchesse Henriette et beaucoup d'autres sont de ce nombre. La nature prépare aujourd'hui, sur les lignes de démarcation de toutes les divisions quelconques, de rudes épreuves aux botanistes, et nous devons convenir qu'il est encore plus facile de cultiver les rosiers que de les classer; je cultive chez moi plus de cent variétés, dont, franchement, je ne sais que faire. Sachons gré du moins à la nature d'avoir donné à plusieurs variétés les moyens d'échapper à cette indécision où nous jette trop souvent l'aspect du plus grand nombre. L'habitude de les voir ne doit pas nous faire perdre de vue l'avantage précieux qui leur est propre : ce sont des points qu'elle a placés de distance en distance pour nous guider dans ce labyrinthe inextricable. Je me crois fondé à penser qu'à l'exemple des bengales, les espèces vigoureuses et fortement caractérisées peuvent doubler quelquefois sans perdre leurs caractères distinctifs : dans ce cas, la connaissance de la sorte qui a fécondé sera toujours, sans doute, le secret de la nature ; car rien ne le décèle. Ici mon opinion s'appuie sur des preuves, et c'est une bonne fortune ; car nous sommes souvent forcés de juger par analogie et de raisonner d'après des présomptions. J'ai trouvé en 1825 la rose des Alpes et le *sempervirens major* à fleurs semi-doubles et doubles, et la belle Henriette ainsi que Dulcinée à fleurs doubles également. Ces roses provenaient de semences de leurs types et ont bien conservé leurs caractères. La perte des caractères dans les espèces peu nombreuses est toujours un inconvénient grave, que ne peut même jamais compenser la beauté des fleurs ; car alors trop souvent elles rentrent ou se rapprochent de celles que nous possédons. Je remarque qu'en général il est plus difficile d'obtenir une rose semi-double d'une simple, qu'une double d'une semi-double. J'ai semé plus de dix mille graines de ma pimprenelle pourpre foncé et jamais je n'ai pu l'obtenir semi-double; on peut perdre courage après six années d'essais inutiles.

J'ai reconnu depuis long-temps que les années n'étaient pas toutes à beaucoup près aussi propices pour la fécondation des graines. L'observation conduit naturellement à chercher à pénétrer ce qu'on ne peut voir, et nous devons croire qu'une température douce, égale et chaude sans excès est nécessaire pour l'accomplissement des mystères de la nature. Ainsi les années trop pluvieuses pendant la floraison sont contraires, car les pluies doivent nécessairement détruire une grande partie du pollen en le précipitant vers la terre ou en s'opposant à son élévation dans l'air; de même dans les années trop chaudes à cette époque, une partie des fleurs brûlent et il doit s'opérer un mouvement de contraction dans toutes les parties nécessaires à la fécondation. La nature se découvre à nous par une infinité de moyens qu'il ne s'agit que de bien comprendre pour en tirer de justes conséquences. Le voile dont elle se couvre n'est pas toujours impénétrable : on peut parvenir à le soulever, en donnant à ses idées une direction constante, en saisissant d'abord avec justesse l'ensemble de ses principales opérations; en les divisant ensuite avec méthode , en appliquant à chacune d'elles le résultat de ses observations, enfin en examinant avec un soin tout particulier l'influence que peuvent exercer dans beaucoup d'occasions les procédés de notre industrie. Sous plusieurs de ces rapports, nos connaissances sont encore au berceau et je suis fortement convaincu qu'un jour, pour la découverte des variétés d'un grand intérêt, nous pourrons devoir plus à l'art qu'à la nature. Le plus heureux, le plus habile sera toujours celui qui la connaîtra le mieux, et c'est moins maintenant dans les caprices du hasard, que dans une étude approfondie de ce beau genre, qu'il faut chercher des élémens de succès. C'est vers les roses que nous ne possédons encore que simples, dont les variétés sont peu nombreuses, ou dont la floraison non interrompue prolonge nos jouissances, que nous devons diriger nos essais, et pour y parvenir plus d'un moyen se présente encore. C'est dans le croisement d'espèces différentes ou de variétés bien opposées , que se trouve l'espérance d'un succès probable : il faut, s'écartant des sentiers battus, étudier, interroger la nature avec persévérance et la contraindre, à force d'art, à de nouvelles productions. Il ne doit plus suffire aujourd'hui qu'une rose soit régulièrement belle, il faut qu'elle ait encore quelque chose qui lui soit particulier, qu'elle puisse être même facilement reconnue au premier coup-d'œil, qu'enfin au milieu de sa nombreuse famille, l'imagination fatiguée et incertaine ne s'épuise pas en conjectures pour déterminer quelle elle peut être. Sans doute maintenant de telles roses ne sont pas faciles à trouver, c'est peut-être une entre mille ; mais au moins ce sont celles dont le prix et le mérite se soutiendront toujours et qui survivront aux réformes indispensables qui déjà par-tout commencent à s'opérer dans les collections et qui nécessairement continueront plusieurs années.

CHAPITRE IV.

DES BENGALES.

Au nom de cette rose si intéressante, que tant de qualités font chérir, qui compte déjà un si grand nombre de variétés, et qui est encore si riche d'espérance, un sentiment naturel de reconnaissance nous porte à demander le nom de celui qui le premier l'introduisit en Europe. On n'apprendra pas sans surprise que le nom d'un tel homme est presque inconnu, même en Angleterre, et que toutes mes démarches à ce sujet étaient sur le point d'être infructueuses, lorsque M. Sabine, secrétaire de la Société horticulturale de Londres, dont le zèle pour tout ce qui tient à la science est si bien apprécié, m'a fait connaître le nom de cet honorable citoyen. Il se nomme Ker, et envoya ce rosier, de Canton en Chine, au Jardin du roi, vers l'année 1780. Il paraît que, vers ce même temps, une autre personne du nom de Slater en introduisit une seconde variété dans les couleurs foncées, que je regrette de ne pouvoir faire connaître. L'Angleterre, si fière, si jalouse de la prospérité de ses cultures d'agrément, où la science a fait de si grands progrès, qui prodigue à cette partie de si nobles encouragemens; l'Angleterre, qui devait une couronne à cet honorable citoyen, peut à peine citer un nom dont elle devrait s'enorgueillir, et qui devrait être gravé à l'entrée de toutes les serres. L'histoire nous a conservé le nom de l'inutile sybarite que blessait le pli d'une feuille de rose, espérons du moins que celui d'un homme qui transporta des régions lointaines d'un autre hémisphère un arbuste, l'un des plus beaux ornemens de la nature, ne sera pas perdu pour la postérité ; arrachons à l'oubli autant qu'il dépend de nous un nom qui, dans les *Annales de Flore*, doit s'associer à celui de M. Philippe Noisette, et croyons que la voix d'un étranger qui réclame d'une nation généreuse un acte de reconnaissance sera entendue (1).

______

(1) C'est à la Société horticulturale de Londres qu'il appartient de réparer un tel oubli. Puisse, au milieu d'un bosquet uniquement consacré aux seuls rosiers provenant directement ou indirectement du bengale commun, s'élever un monument simple qui rappelle au souvenir des amateurs le nom de cet honorable citoyen et ses droits à la reconnais-

Et qui peut rester indifférent en présence des résultats de la culture du bengale ? Qui peut voir sans émotion, sans admiration, sans reconnaissance même, toutes ces variétés originaires d'un même type, si variées de port et de feuillage, si riches de coloris et si diversifiées de formes? L'homme indifférent voit tout du même œil, ou, pour mieux dire, ne voit rien; tout ce que l'art a créé au profit même de ses jouissances, peut bien dire quelque chose à ses sens, mais ne saurait parler à son imagination. C'est pour ceux qui savent apprécier ses bien-

---

sance publique! Si je n'avais craint de blesser l'amour-propre national, j'aurais exprimé le désir que l'érection de ce modeste monument ait eu lieu, non aux frais de l'administration, mais du produit d'une souscription ouverte dans tous les pays où la culture d'agrément est en honneur, et j'aurais regardé comme une faveur de m'inscrire comme le premier souscripteur. Si cette deuxième partie de ma proposition ne peut être admise, j'ai au moins l'espoir que la première le sera. Dans ce cas, je mettrai à la disposition de la Société un sujet de chaque variété, bengale ou hybride, qu'elle ne posséderait pas. Le nombre de ces rosiers, qui, tous, doivent leur origine au bengale commun, s'élève aujourd'hui à plus de deux cents. La vue de cette réunion, qui prouverait au plus haut degré ce que peut l'art en secondant habilement la nature, serait sans doute une des leçons les plus instructives que les fastes de l'agriculture aient encore présentées aux méditations des agronomes.

faits et l'admirer dans ses productions, qu'elle fait naître de temps en temps ces variétés intéressantes, qui sont la plus douce récompense de nos soins.

Les bengales, dont les variétés se sont singulièrement augmentées depuis quelques années, ont seuls reçu de la nature la propriété de fleurir sans interruption ; le froid, il est vrai, chez nous, arrête leur végétation l'hiver ; mais dans leur pays natal, elle ne doit pas être suspendue, et l'exemple de ceux que nous cultivons en serre ne laisse aucun doute à cet égard. Ils diffèrent des roses que nous désignons sous le nom de *perpétuelles*, en cela que leurs rameaux, sans aucune exception, sont tous florifères, et que dans ces dernières ils ne le sont qu'en partie. Cet avantage inappréciable et particulier qu'ils possèdent à un si haut degré, ne paraît pas avoir excité, lors de leur introduction en France, la même admiration qu'ils causeraient aujourd'hui s'ils y paraissaient pour la première fois. Il en est des choses comme des hommes, et le mérite ne peut obtenir sa juste récompense que quand l'époque où il paraît est parvenue au point de connaissance nécessaire pour l'apprécier. On lisait encore dans le *Bon Jardinier*, il y a quelques années, que MM. Thouin et Desfontaines ne reconnurent ce rosier, lorsqu'il leur fut présenté vers 1800, que comme une variété : je pense qu'il y avait une erreur dans la rédaction de cet article ; car certainement le bengale est une véritable espèce, même beaucoup mieux caractérisée que quelques autres, et reconnue pour telle par tous les botanistes. Cette espèce, dotée par la nature de l'inappréciable avantage d'une floraison perpétuelle, sera toujours, tant par elle que par les hybrides qui en sont provenus, le don le plus précieux que l'Inde ait pu faire à la culture d'agrément.

En remontant à l'origine de sa culture en France, nous trouvons que le premier sujet fut donné au Jardin des Plantes, vers l'année 1800, par une personne qui probablement le tenait d'Angleterre, mais dont il m'a été impossible de découvrir le nom. M. le docteur Cartier, qui tient un rang distingué parmi nos amateurs, fut le second qui le cultiva, et qui en obtint de semences, en 1804, la variété à fleur pleine : l'introduction du bengale en France, et plus tard celle de la noisette, ont eu sur la culture du rosier une influence de la plus grande importance et bien digne d'être remarquée. Je me suis beaucoup occupé de cette classe, qui intéresse d'autant plus, qu'on l'étudie davantage et dont la reproduction par semencés présente des phénomènes qui lui sont particuliers. Je hasarderai à ce sujet mon opinion , fondée sur des observations dont le résultat m'a toujours paru conforme ; mais, auparavant , il est nécessaire de s'entendre sur la valeur des mots, autrement quelques personnes qui ne se font pas des bengales proprement dits une idée assez précise , ne me comprendraient pas.

Je ne considère comme bengales que les individus appartenant à cette classe , dont tous les rameaux sont florifères , ou constamment terminés par des fleurs dans leur état naturel sans exception , caractère particulier de cette espèce , dont le bengale commun peut être , au moins pour nous , considéré comme le type. Je regarde de même comme le type de ma deuxième division, sous le nom de noisette, la noisette reçue d'Amérique , la première que nous ayons possédée , dont les variétés déjà nombreuses présentent des différences sensibles avec les bengales , et dont tous les rameaux ne sont pas florifères. J'ai pu jusqu'à présent me borner à ces deux divisions naturelles et bien distinctes ; mais les noisettes elles-mêmes ont donné naissance à un certain nombre de variétés qui ont perdu par la fécondation une partie des caractères qui leur sont propres, dont les rameaux sont en général plus sarmenteux, les fleurs plus tardives, moins nombreuses, mais néanmoins se succédant sur une partie des bourgeons seulement. Le rosier de l'Ile de Bourbon se trouvera dans cette division, qui formera la troisième. La quatrième comprendra, comme précédemment, tous les hybrides qui ne fleurissent qu'une fois.

Nous aurons avant très-peu de temps plus de deux cent cinquante bonnes variétés de ces roses dans les quatre divisions, et il ne serait plus possible de s'y reconnaître, si on n'admettait pas un classement quelconque. J'ai choisi celle-ci comme la plus naturelle, et comme présentant plus de facilité pour les descriptions que je donnerai de cette classe ; car, en se reportant au type, d'après le numéro de la division, chacun connaîtra de suite les principaux caractères, la manière de végéter, et la plus ou moins grande facilité à fleurir de chaque individu. Cette méthode néanmoins présentera l'inconvénient qui se fait remarquer dans tous les divers classemens des rosiers, c'est qu'il se rencontrera quelques variétés dans les trois premières divisions, qui, par leurs caractères mixtes, pourraient appartenir à l'une ou à l'autre. Il n'est au pouvoir de personne d'aplanir entièrement cette difficulté ; je me bornerai à les placer dans celles où elles me paraîtront devoir entrer le plus naturellement, et à indiquer avec soin, lors des descriptions, qu'elles forment le chaînon intermédiaire entre telle et telle division. Afin de ne pas être encore chicané sur des mots, et éviter un procès ridicule, je déclare que cette division, ainsi que toutes les autres, n'est établie que pour l'ordre et la facilité de mes cultures, et que chacun est libre de la rejeter ou de l'admettre.

En remontant à cette époque où les collections, plus rares, et les variétés, moins nombreuses, n'avaient pas encore donné lieu à cette grande quantité d'hybrides, et en examinant avec attention la couleur des roses dans chaque classe respective, nous voyons que chaque espèce avait à-peu-près sa couleur particulière. Il faut cependant excepter les provins, qui, par suite de semis aussi nombreux qu'anciens, étaient parvenus à réunir les couleurs les plus opposées. Cette classe était encore la seule, il y a douze ans, qui possédât des roses dans les couleurs sombres. La nature semblait avoir affecté la couleur rose aux cent-feuilles ; les *alba*, les pimprenelles ne variaient que du blanc au rose ; les provences offraient quelques teintes entre la couleur de chair et le rose pâle ; presque par-tout dans les autres espèces on ne voyait que ces couleurs. En jetant un coup-d'œil sur toutes nos espèces indigènes ou exotiques, je crois qu'on pourrait présumer avec vraisemblance que, dans l'origine, elles étaient toutes de couleurs tendres. Ce n'est que par suite des semis nombreux qui ont été faits, que nous sommes parvenus à forcer la nature à s'écarter des couleurs primordiales, dont elle semble avoir doté chaque espèce en particulier. La marche lente et graduée des couleurs tendres vers les plus sombres atteste l'ancienneté et les progrès de cette culture ; et si, dans quelques sortes, comme dans les pimprenelles, nous sommes parvenus au point opposé de leur couleur primitive, dans d'autres, nous ne nous en sommes encore que très-peu écartés (1). Il ré-

---

(1) Je veux parler de cette belle pimprenelle simple, que j'ai trouvée de semence en 1819, et qui peut, pour la beauté du coloris, se comparer au bengale pourpre semi-double, parce que c'est l'exemple le plus frappant comme le plus subit du passage d'une couleur tendre à une beaucoup plus foncée, sans que les caractères de l'espèce aient subi d'altération. Auparavant nous ne possédions encore que du rose dans cette classe.

sulte de ces observations que la perte ou l'af-
faiblissement sensible des caractères propres à
l'espèce suit presque toujours l'augmentation
de la couleur. Ne pourrions-nous pas penser
qu'il existe des espèces qui n'ont reçu de la
nature que très-peu d'inclination à féconder les
autres ou à en être fécondées, et qu'il n'est pas
besoin de les chercher toujours parmi celles
d'un autre hémisphère? Sans cela, comment expliquer pourquoi mes graines de cent-feuilles
et de provence, par exemple, bien que récoltées au milieu d'un grande quantité de provins
foncés, ne me donnent constamment que du
rose? Dans les bengales, nous voyons tout le contraire : les premières graines furent semées par
M. Cartier, et sur trois qui parvinrent à leur
floraison se trouva la variété à fleurs pleines. A
quelques années de distance, on trouva en France
le blanc, le bichon, les pourpres, les pompons et
celui à feuille de saule : ainsi les premiers semis de bengales nous ont montré d'abord les
couleurs les plus opposées, et plus tard, quelques années suffirent pour nous faire découvrir
toutes les nuances intermédiaires, si nous en
exceptons quelques couleurs dans les brunes ou
violettes : les bengales aujourd'hui, sous ce rapport, peuvent être comparés aux provins. La

fécondation de cette espèce par les autres présente des phénomènes particuliers qui ne sauraient être observés et suivis avec trop d'attention. Je suis convaincu que les provins jouent un grand rôle dans cette fécondation, bien qu'il n'y ait guère que les premières fleurs qui soient propices, les bengales fleurissant plus tôt. D'après cette hypothèse, qui s'appuie sur des présomptions favorables, je ne peux me lasser d'admirer la facilité que les bengales ont d'être altérés par les autres espèces, et de conserver en même temps leur caractère particulier de fleurir sans interruption. En effet, entre la conservation ou la perte de cette propriété, on ne trouve pas d'intermédiaires parmi les bengales proprement dits : ou ils demeurent bengales, ou ils deviennent hybrides. Cette influence de la fécondation sur la fleur particulièrement m'a toujours singulièrement frappé, et fait naître le désir, bien naturel, de connaître dans quel cas ou par suite de quelles circonstances les bengales peuvent perdre ou conserver leur propriété de toujours fleurir. Pour moi, je regarde comme certain que c'est moins à la fécondation des bengales entre eux que nous devons nos belles variétés, qu'à celle des autres espèces. Le premier qui fut trouvé fut celui à fleur pleine :

or, un seul sujet existait chez M. Cartier, et nous ne possédions pas encore de variétés ; le sujet qui a produit la graine a ou n'a pas été fécondé : dans le premier cas, ceci confirme mon opinion ; dans le second, il n'aurait dû rendre son espèce qu'à de très-légères variations près, plutôt même simples que semi-doubles. Je sais que quelquefois, dans des cas excessivement rares, une rose semi-double peut en produire une pleine ; mais ceci n'arriverait peut-être pas une fois sur mille, en admettant que le sujet qui a produit les graines avait été cultivé à une très-grande distance de tout autre rosier. Des graines de bengales communs, récoltées sur des sujets très-distans de tous autres, ne m'ont jamais donné que des roses simples ou faiblement semi-doubles, généralement moins bonnes, mais dont les individus, sous le rapport de leur vigueur et de leur végétation, avaient une grande analogie avec le type. A défaut de preuves matérielles, qui ne peuvent être produites, c'est au milieu de ces nombreux indices qu'il faut chercher la vérité. Comment en effet s'expliquer la formation de nos bengales pourpres et l'altération de leurs caractères secondaires ? Le sanguin, le pompon d'automne, l'*atro-purpurea*, et on peut dire la plus grande partie, sont bien loin maintenant, sous tous les rapports qui forment leur manière de végéter, de ressembler au commun; plusieurs même s'en éloignent singulièrement sous le rapport de leur ovaire et de leur végétation intérieure; remarquons d'a illeurs que les fruits du sanguin, et même de tous les pourpres, se rapprochent beaucoup de ceux des provins. Il est prouvé, du moins pour moi, que, par suite de la fécondation, la couleur d'une rose peut s'altérer d'une manière très-sensible même; mais les conséquences de cette altération dérivent toujours du sujet qui a fécondé : ainsi, par exemple, si je trouvais une cent-feuilles pourpre bien caractérisée, je n'en rechercherais pas la cause dans sa classe, mais bien parmi les roses encore plus foncées qu'elle. Nos hybrides de bengales, même les semi-doubles, ne nous donnent que bien rarement du fruit, et nous privent par conséquent des renseignemens qu'il serait possible d'obtenir par leur semis, moyen au surplus assez incertain, même dans la supposition indispensable et rigoureusement nécessaire que ces hybrides auraient fructifié à l'abri de toute poussière fécondante. Les bengales semblent avoir reçu de la nature une sorte d'énergie qui les porte à résister beaucoup mieux que d'autres espèces aux causes qui agissent sur eux ; on dirait que, jaloux de concourir à nos jouissances, ou reconnaissans des soins que nous leur donnons, ils n'abandonnent que dans des cas de force majeure l'inappréciable avantage d'une floraison presque sans interruption. Parmi ceux même qui ont été altérés d'une manière assez sensible pour perdre cette propriété, on retrouve toujours quelque chose du type, et leurs caractères me paraissent s'effacer bien plus difficilement. Si à l'appui de mon sentiment j'avais besoin d'une autre preuve, je la trouverais dans une nouvelle variété, qui, bien qu'obtenue de semence en Amérique, atteste d'une manière évidente qu'un quatre-saisons aurait fécondé le sujet qui lui a donné naissance. Ce beau bengale, unique encore par ses caractères, confirmera ce que j'ai dit depuis long-temps, que les fruits ou les ovaires ne devaient jamais être considérés comme caractères principaux. Nous avons maintenant dans les bengales quatre formes de fruits bien parfaitement distincts. Le bengale dont je viens de parler, s'il fructifie, et le thé jaunâtre nous permettent d'espérer que nous leur devrons, par la suite, quelques variétés remarquables, et j'ai la certitude que ce dernier mûrira son fruit ici (1). Que ne peut-on pas attendre d'un bengale unique pour sa couleur, dont nous sommes d'ailleurs si dépourvus? Il est permis à l'espérance de voler au-devant du succès, et n'est-ce pas le cas de dire, avec Delille,

« Promettre c'est donner, espérer c'est jouir. »

Le blanc jusqu'à présent était à-peu-près la seule couleur que les bengales n'offrissent pas, cette difficulté est aujourd'hui en grande partie surmontée. Je possède de mes semis une très-belle variété dont tous les rameaux sont florifères et les fleurs du blanc le plus pur, sans aucune teinte de rose ou de carné; cette rose, un peu verte au centre, est bien double (soixante-dix à soixante-quinze pétales sur des sujets greffés) : malheureusement elle ne donne pas de fruit. Si cette rose ne pouvait rester aux bengales, elle serait du moins la variété intermédiaire qui les unirait aux noisettes.

A la suite des bengales se présentent naturellement les noisettes, dont j'ai cru devoir former deux divisions. Proclamons d'abord,

_____

(1) Ces deux belles variétés seront décrites dans le troisième cahier, qui paraîtra cette année, et seront mises en vente à l'automne.

pour ceux qui pourraient l'ignorer encore, que la première variété de cette rose, résultat d'un bengale fécondé par une muscate, est due aux soins de M. Philippe Noisette, cultivateur, à Charles–Town, aux États-Unis d'Amérique, qui s'est acquis dans ce pays une honorable réputation. Il est permis de s'enorgueillir du gain d'une rose qui a reçu de la nature des avantages si précieux et qui est destinée à exercer une si grande influence sur la culture de ce beau genre et même sur nos jouissances. Ici se présente un nouveau phénomène, et la nature nous donne une importante leçon, ou, pour mieux dire, elle confirme ce qui s'est passé plusieurs fois sous nos yeux, mais d'une manière moins sensible. La fécondation de deux espèces bien caractérisées a donné lieu à une variété nouvelle, chez laquelle se font remarquer les caractères propres à chacune d'elles; bientôt cette variété, unique encore, donne naissance à un grand nombre d'individus, qui, tout en s'écartant plus ou moins sensiblement de leur type, conservent néanmoins une disposition prononcée à fleurir sans interruption sur une partie de leurs bourgeons. Ainsi donc c'est dans le mélange des espèces entre elles qu'il nous faut chercher la source de quelques sortes bien distinctes ; et probablement nos agates, damas et provences, n'ont pas d'autre origine. Je connais ou cultive déjà plus de trente variétés de noisettes, presque toutes provenant du type, dont beaucoup donnent du fruit : qui oserait, d'après cela, calculer ce que nous en aurons dans cinq ans? Toutefois n'accusons pas la nature de prodigalité ; car les fleurs pleines ne paraissent pas devoir être très-communes. Le port, le feuillage, la forme des fleurs et des pétales présentent dans ces roses bien plus de variétés que dans les bengales. Quelques-unes donnent leurs fleurs de la troisième à la septième feuille, et d'autres, dans la troisième division sur-tout, ne les font paraître qu'après la quinzième, vingtième et quelquefois vingt-cinquième. La floraison de quelques-unes n'a lieu que du 1er. au 15 août, pour ne plus s'arrêter qu'aux gelées ; de ce nombre il en est qui réclameront une exposition et des soins particuliers. Tout porte à croire qu'avant peu de temps elles surpasseront en nombre celui des bengales ; car elles sont moins délicates et résistent beaucoup mieux aux froids et aux humidités, qui détruisent tant de bengales dans leur jeune âge. Sous le rapport du nombre des fleurs, les variations sont excessives : dans quelques variétés, le pédoncule commun supporte soixante à quatre-vingts fleurs, et dans d'autres, quelquefois moins de cinq. Je remarque que cette diminution atteste toujours un plus grand éloignement du type. Ainsi, en jugeant aujourd'hui ces variétés en général, et sur ce que nous en possédons, l'abondance plus ou moins grande des fleurs que supportent les pédoncules, indique d'une manière assez précise le degré de rapport qu'elles ont avec la noisette primitive. En examinant le nombre des pétales, les variations ne sont pas moins grandes ; depuis quelques variétés simples qui ne seront pas dédaignées, nous trouvons tous les nombres qui peuvent former les semi-doubles, les doubles et les pleines jusqu'à cent cinquante. J'ai trouvé cette quantité en 1825 sur un sujet greffé et très-vigoureux d'Isabelle d'Orléans, et j'ai lieu d'en espérer autant de celle que j'ai dédiée à Sa Majesté Charles X, le franc de pied en pleine terre m'ayant donné cent cinq pétales, et Isabelle d'Orleans quatre-vingt-quinze. La nature a doté les noisettes avec une libéralité sans exemple : à peine à leur naissance, elles ont déjà franchi avec avantage presque tous les intermédiaires qui séparent les couleurs tendres des plus foncées. Les blanches, les carnées, les roses, les incarnates et les cramoisies comptent déjà, les trois premières sur-tout, plusieurs variétés ; le blanc, particulièrement si rare dans les bengales, ne laisse presque plus rien à désirer ; l'odeur même, refusée jusqu'à présent à ces roses, a cédé à nos essais, et je crois pouvoir assurer que nous possédons maintenant une ou deux variétés odorantes. Parmi ces rosiers, il en est qu'il est difficile de bien classer : tel est sur-tout celui connu sous le nom d'Ile de Bourbon, provenant de graines venues de cette île et qui ont réussi chez Mgr. le duc d'Orléans. A la vue de cette singulière variété, on reconnaît facilement que le bengale commun a contribué à sa formation ; mais le défaut de connaissances positives sur les rosiers cultivés dans cette colonie ne permet pas d'étendre ces recherches plus loin. Ce rosier, d'un grand mérite sous le rapport de ses fruits, a déjà produit quelques bonnes variétés, auxquelles il a transmis les caractères qui lui sont propres. Comme il ne diffère des rosiers de ma troisième division que par la grosseur de son fruit, c'est là que j'ai cru devoir le placer. Je regarde cette intéressante variété comme destinée à augmenter un jour de beaucoup le nombre des roses qui se rattachent aux bengales. Les noisettes, en général, quoique privées d'odeur, par l'abondance et la variété de leurs fleurs et la diversité de leur feuillage, deviendront, avant peu d'années, le plus bel ornement de nos jardins et remplaceront avec avantage, à l'arrière-saison, le vide que causent les arbustes d'agrément, dont les fleurs ne sont que printanières.

AVIS.

L'intérêt qu'un grand nombre d'amateurs attachent avec raison aux nombreuses variétés de rosiers qui nous donnent leurs fleurs pendant la belle saison, et qui sont même aujourd'hui l'objet des soins particuliers de quelques personnes, m'a porté à répondre aux sollicitations de beaucoup de mes correspondans, qui m'ont, en diverses occasions, adressé des questions sur la culture et la conservation des bengales et noisettes. En cédant aux désirs de tant de personnes éclairées, dont la bienveillance m'honore, en m'occupant d'un travail, j'ose dire de quelque utilité, qui, par sa nature même, éloigne toute idée d'intérêt particulier, mon but a été d'encourager une culture à la prospérité de laquelle je n'ai pas été étranger, et d'offrir aux amateurs quelques conseils, afin de prévenir des pertes, toujours sensibles quand on aime véritablement les plantes.

Je ne dis pas que les moyens que j'indique soient les seuls bons, et qu'il faut s'y conformer littéralement ; mais j'affirme qu'ils me réussissent, et mes cultures en sont la preuve incontestable. J'aurais, sans doute, pu donner plus d'étendue à ce travail ; mais ne voulant pas faire un traité complet de la culture des bengales, j'ai dû me borner aux notions les plus importantes. Les personnes pour lesquelles j'écris ont toutes quelques connaissances en horticulture, et leur intelligence suppléera facilement à une foule de détails minutieux, que j'ai cru devoir passer sous silence ; je n'ai d'ailleurs ni le temps ni le courage d'entreprendre un ouvrage de longue haleine.

ESSAI
SUR LES ROSES.

TROISIÈME LIVRAISON.

CULTURE ET CONSERVATION

DES

BENGALES ET NOISETTES.

CHAPITRE PREMIER.

CONSIDÉRATIONS GÉNÉRALES.

La culture des rosiers du Bengale, dans l'état où ils se trouvent aujourd'hui, donne lieu à une série d'observations importantes qu'il est nécessaire de bien connaître quand on veut réussir. Introduits en Europe en 1780 et en France vers 1800, ces arbustes, malgré ce long séjour parmi nous, malgré leur reproduction successive par semences, ont conservé le même degré de délicatesse qu'ils avaient primitivement. Plusieurs variétés sont aujourd'hui chez moi, comme sans doute ailleurs, à leur quatrième ou sixième génération sans

6,

qu'aucune variation dans les caractères particuliers de l'espèce se fasse remarquer. L'art a bien pu créer ces nombreuses variétés qui font nos délices; mais la seule différence qu'elles nous offrent encore n'est que dans un degré de délicatesse plus ou moins prononcé. De toutes les espèces de roses qui ont été soumises au moyen de la reproduction par semences, très peu, hors les bengales, ont conservé les caractères primitifs de leur type. Fécondées même l'une par l'autre, dès l'origine de nos semis, les générations suivantes ont encore tellement modifié les caractères des espèces, qu'aujourd'hui il n'est presque plus possible de déterminer leur place. Nous avons, pour ainsi dire, brouillé la nature avec elle-même et rendu au moins très difficile le classement de ce beau genre : heureusement que beaucoup de très belles fleurs dédommagent de cet inconvénient inévitable. Quoique soumis aux influences des poussières fécondantes de plusieurs espèces, les bengales ont conservé la propriété de reproduire sans altération les caractères de la leur; quant aux hybrides qui en dérivent, toutes, à quelques exceptions près, peuvent être réunies en une seule division. Nés sous un climat plus tempéré que le nôtre, la nature a privé les yeux des bengales des écailles qui défendent ceux de nos roses indigènes contre les intempéries de nos climats. L'absence de ces écailles, la persistance des feuilles, la continuité de la floraison, le mouvement non interrompu de la sève et la chute des fruits mûrs, tout prouve qu'ils sont originaires d'un pays où la rigueur de nos hivers doit être inconnue. Cette organisation particulière, dont ils sont doués, s'opposera toujours à l'acclimatation de cette espèce : aussi après cinquante ans de séjour en Europe et trente ans de semis et d'expériences, nous retrouvons-nous sous ce rapport au point de départ. Le bengale est ce qu'il était alors, un arbuste délicat, qui réclame encore et réclamera toujours des soins particuliers. Sans doute le nombre de nos variétés, quoique déjà très considérable, augmentera encore ; mais jamais nous ne parviendrons à changer son organisation primitive, en lui conservant sa propriété d'être florifère. Tous les hybrides de bengales que nous possédons, quoique presque tous sortis de ces semences, en ont perdu tous les caractères et rentrent par conséquent dans la classe de nos roses indigènes. C'est à l'absence des écailles sur les yeux des bengales, que nous devons le trop prompt développement de ces organes et les effets meurtriers que le froid exerce sur eux. On voit que ces rosiers pourraient être cultivés avec succès dans nos départemens méridionaux, sauf à les défendre de la grande chaleur la première année et à leur donner une exposition convenable ; mais jusqu'à présent cette culture y a fait peu de progrès.

L'uniformité des caractéres de la plus grande partie de nos hybrides de bengales me porte à croire qu'ils sont loin de pouvoir être fécondés par toutes les espèces ; on ne possède à cet égard que des notions très incertaines, et ce point de physiologie végétale est encore fort obscur. Les bengales fleurissent généralement avant toutes les roses doubles, les *alba* exceptés ; mais les espèces à fleurs simples, qui donnent leurs fleurs en même temps qu'eux, n'offrent aucune présomption qui puisse faire croire au mélange de leurs poussières ; nous savons d'ailleurs que parmi ces espèces, dont les variétés sont peu nombreuses, plusieurs ne sauraient se féconder entre elles. Les bengales, si différens des autres rosiers par leur organisation particulière, doivent éprouver encore plus de difficultés pour leur fécondation. J'ai mêlé, j'ai palissé même ensemble des bengales, des noisettes, des pimprenelles, des capucines, des jaunes et beaucoup d'autres espèces hâtives, sans avoir obtenu aucun résultat. Les bengales sont cependant fécondés, ils le sont même presque toujours, et encore quelquefois à un tel point que j'ai vu des semis de bengales qui n'avaient donné que des hybrides. Les premières fleurs des bengales sont les seules qui puissent être fécondées avec avantage, les autres n'arrivant jamais à un état complet de maturité. Remarquons en passant que les fruits du bengale sont les seuls aussi qui se détachent d'eux-mêmes quand ils sont mûrs, ou lorsqu'ils sont surpris par le froid, les pédoncules qui les soutiennent étant soudés comme ceux de nos fruits à pepin. J'en excepte cependant mon hybride de bengale-thé à fleurs chagrinées, dont le fruit tombe également. Je donnerai, cet été, une description de ce singulier rosier. Ce sont encore les bengales qui mettent le plus de temps à parvenir à leur maturité, et qui nous donnent le moins de graines en état de germer. Soumises à l'épreuve de l'eau, il n'est pas rare d'en voir les trois quarts surnager et même beaucoup plus, en admettant une année chaude; car, dans celles qui sont froides ou humides, on ne récolte rien. J'ai toujours soupçonné l'alliance des provins avec les bengales, et je crois que la quantité plus ou moins grande des poussières portées sur leur ovaire peut déterminer la perte ou la conservation de leurs caractères; toutefois il n'y a jamais de doute sur leur état, ou ils restent bengales ou ils deviennent hybrides. Ces rosiers, bien que fécondés par d'autres espèces, peuvent donc encore demeurer bengales : ce point me paraît évident, et le bengale-du-Breuil en fournit peut-être un exemple sensible, s'il est vrai, comme je le pense, qu'il est le résultat de la fécondation d'un quatre-saisons. J'appuie ce sentiment sur la longueur de son ovaire, son odeur et quelques autres particularités, et je ne regarde pas comme impossible l'alliance des bengales avec les perpétuelles sans perte, pour ces premiers, de leur organisation particulière. Quant à la fécondation en sens inverse, j'avoue que je la crois peu probable, rien encore n'établissant même de présomption en sa faveur. Au surplus, à l'époque où nous sommes, il ne faut s'étonner de rien : nous voyons parmi nos roses tant de choses si singulières, que tous nos raisonnemens sont en défaut, et qu'il faut se borner à reconnaître l'immensité des moyens dont la nature peut disposer. La culture des rosiers touche peut-être au moment d'une grande révolution, dont les effets se feront sentir à l'horticulture en général. Si j'en crois les lettres d'un correspondant très instruit et digne de foi, un homme doué, sans doute, de beaucoup d'aptitude pour l'observation serait parvenu à maîtriser la nature et à la rendre tributaire de son industrie par l'emploi de moyens très ingénieux. Les résultats existans déjà seraient de véritables merveilles, et la connaissance des moyens employés m'autorise à y ajouter foi. Des raisons de convenance et d'équité ne me permettent aucun détail; mais lorque les preuves de ces succès me seront parvenues, je m'empresserai de les signaler à l'attention publique en faisant connaître le nom de cet estimable amateur.

Bien que j'aie quelquefois vu chez moi, comme ailleurs, des hybrides de bengales bien caractérisés parmi des plants de graines étrangères à cette espèce, je n'oserais croire qu'ils sont le résultat de la fécondation des bengales : j'ai toujours pensé qu'ils étaient dus à quelques graines mêlées par inadvertance ou par le fait des animaux. En confrontant ces hybrides avec les autres, j'ai trouvé tant d'analogie dans toutes leurs parties, que je n'ai pu croire que la nature ait pu produire des individus aussi identiques par des fécondations d'espèces si différentes; l'organisation des bengales est tellement opposée à celle de nos rosiers indigènes ou européens, que je ne peux croire à la perte totale de tous leurs caractéres spéciaux, dans le cas où ils auraient été l'agent de la fécondation.

Sous le rapport de leurs couleurs et de leurs causes, il serait encore très difficile d'émettre une opinion fondée. Depuis le blanc jusqu'au pourpre et cramoisi foncé, nous possédons toutes les nuances qui joignent ces couleurs opposées. Veut-on raisonner par analogie? tous les calculs sont en défaut. Veut-on rechercher dans la fécondation la cause primordiale des couleurs? on trouve que, parmi le grand nombre d'hybrides que nous créons tous les ans, nous possédons maintenant des nuances ou des couleurs étrangères aux sortes qui ont produit ou qui ont pu féconder. Le blanc, long-temps si rare, s'est répandu dans presque toutes les espèces: les bengales et noisettes ont plusieurs variétés de cette couleur; les provences ont la boule de neige; je l'ai introduit en 1829 dans les hybrides de bengale, dans les sortes incertaines, et j'en ai augmenté le nombre dans les damas et les provences. La nature a même créé de nouvelles couleurs dans les bengales et les noisettes, témoin quelques variétés à fleurs aurore, chamois, abricotée, etc. Pour ces nuances malheureusement trop fugitives, l'Italie s'est rencontrée avec nous sans cependant qu'au delà des Alpes, comme chez nous, elles soient dues à la coopération du bengale jaunâtre.

La nature, jusqu'à présent, s'est montrée moins libérale pour les odeurs: excepté le bengale-du-Breuil et les variétés de la rose-thé, les autres sont presque inodores. On a pu remarquer que parmi un grand nombre de variétés qui doivent naissance à notre thé primitif, l'odeur s'est affaiblie en raison du degré d'hybridité : il en devait être ainsi, le bengale commun et ses variétés étant probablement celles dont la nature s'est servie jusqu'à présent pour les féconder, et c'est, en effet, celles qui ont le plus d'analogie avec lui. Je ne connais qu'un très petit nombre de variétés de roses-thés qui aient conservé, au même degré de force, l'odeur suave du premier que nous avons cultivé, et il est assez probable qu'ils en sont sortis; j'ai du moins, dans ceux de mes semences, une ou deux preuves de mon opinion. Il ne faut pas s'y tromper, les graines mûres du thé commun sont extrêmement rares, et ce fruit ne mûrit pas aux environs de Paris, même dans nos années les plus chaudes. Nous le récoltons toujours vert, et beaucoup d'amateurs qui n'en ont jamais vu de mûrs n'apprendront peut-être pas sans quelque surprise que ce fruit, lors de sa parfaite maturité, est en général un tiers plus gros que celui que nous récoltons dans nos jardins, et que sa couleur orange ressemble à celle du bengale commun. J'avoue, pour mon compte, n'en avoir encore vu de bien mûrs que venant d'Italie. En soumettant deux fois ces graines à l'épreuve de l'eau, on verra que les dix-neuf vingtièmes surnagent, et en semant ce vingtième, beaucoup encore ne lèvent pas. On veut trouver aujourd'hui des bengales-thés parmi toutes les couleurs foncées, et je connais plus de dix variétés à fleurs pourpres, qui ont été ou qui sont encore qualifiées de thés. J'en demande pardon à quelques personnes ; mais bien qu'il soit vrai que cette odeur existe à un faible degré dans ces roses, elles sont repoussées de la section des thés par tous leurs caractères botaniques ; l'aspect et la végétation de ces rosiers suffisent pour déterminer leur place. Il existe entre les bengales-thés, originaires de la Chine, et les autres bengales des différences si sensibles et si nombreuses, que plusieurs de nos espèces européennes n'en présentent pas autant ; on a fait quelquefois des espèces à bien meilleur marché.

L'extension que la culture a donnée maintenant aux bengales et aux noisettes réclame de nouvelles divisions, pour en faciliter l'étude : c'est cette raison qui me porte à les classer en quatre sections, et ce sera d'après cet ordre qu'ils figureront au *Catalogue* de 1830. Afin de répondre aux désirs d'un grand nombre de mes correspondans, des listes placées à la fin de ce Traité présenteront ces roses sous le double rapport de leur couleur et de leur degré de délicatesse.

La première section comprendra tous les bengales qui ont du rapport, par leur végétation et leurs caractères, au bengale commun, qui en est le type. C'est dans cette section que se rencontrent, en général, les plus rustiques.

La seconde réunira tous ceux qui ont de l'analogie avec le bengale pourpre semi-double, que je crois originaire de l'Inde, et qui est au moins le premier que nous avons possédé dans les couleurs foncées.

Les bengales-thés formeront la troisième. J'attacherai à cette section les hybrides, qui sont déjà nombreux, mais seulement lorsque les caractères du type seront prédominans, autrement ils trouveront leur place dans les autres.

La quatrième sera composée des laurencia, dont nous comptons déjà une dixaine de variétés, et dont le nombre paraît devoir s'accroître encore. Le laurencia simple, le premier cultivé, en formera le type.

Leur rang d'inscription dans chaque section fera connaître le plus ou moins de degré d'identité qu'ils ont avec leur type, les moins altérés se trouvant placés plus près de lui, et les autres à l'opposé.

Dans les noisettes, j'établirai une nouvelle division pour les îles de Bourbon seulement.

Ces divisions me sont devenues nécessaires pour mettre plus d'ordre dans cette partie de mes cultures, je les crois naturelles; si on voulait les considérer seulement sous un rapport botanique, peut-être donneraient-elles lieu à quelques dissidences d'opinions : chacun peut donc les admettre ou les rejeter selon que bon lui semblera.

CHAPITRE II.

CULTURE DES BENGALES ET DES NOISETTES EN PLEINE TERRE.

Expositions. — Terres. — Soins. — Abris.

Nous voyons que, malgré nos soins, nos semis, et son long séjour parmi nous, l'organisation naturelle au bengale n'a pu être modifiée. Les noisettes ont donné à peu près le même résultat, et quoique, en général, elles soient moins délicates que les bengales, il s'en faut encore de beaucoup qu'elles puissent se passer de nos soins. Tout porte donc à croire que cette espèce ne pourrait supporter la culture en pleine terre que dans les pays où le froid ne dépasse pas quatre ou cinq degrés. C'est donc dans l'état où ces rosiers sont et seront probablement toujours pour nous, qu'il nous les faut prendre et demander à l'art des secours contre la délicatesse de leur organisation, qui ne leur permet pas de braver impunément la rigueur de nos hivers.

Je cultive en pleine terre toutes les variétés des

bengales et des noisettes, et je m'en trouve bien ; seulement je place en bâche ou dans des panneaux les variétés les plus rares ou les plus délicates lorsque je n'en ai que peu de plants. Cette culture est de beaucoup préférable à celle en pots, soit qu'on la considère sous le rapport des moyens de multiplication ou sous celui de la beauté des fleurs. Une exposition abritée du vent d'ouest ou du nord est indispensable ; on peut tirer parti avec avantage des murs au levant et au couchant. Je n'oserais conseiller l'exposition du midi, surtout pour les variétés délicates, non qu'elle soit mauvaise ; elle convient, au contraire, beaucoup pour les sujets destinés à donner de la graine, mais parce qu'elle exige, pendant les trois mois de grandes chaleurs, des soins soutenus et journaliers, qu'il est, en général, fort difficile d'obtenir des jardiniers. Si, cependant, quelqu'un voulait l'utiliser, il faudrait faire une petite fosse à chaque plant, la remplir de fumier à moitié consommé, arroser abondamment pendant les grandes chaleurs et garantir ces plants avec des toiles, paillassons ou autres choses, de manière qu'ils ne reçoivent que le soleil levant ou couchant. Les murs, au levant, au couchant ou aux expositions intermédiaires sont beaucoup préférables ; le fruit y mûrit généralement, les fleurs s'y succèdent presque sans interruption, et les soins y sont moins assujettissans. Le nord même a encore son mérite : si l'air y circule librement, la végétation y est très active, les fleurs y sont belles et de longue durée ; on peut encore y planter les variétés vigoureuses. On doit placer le long des murs les sortes voraces ou sarmenteuses, et réserver le devant de la plate-bande pour les moins élevées ou les plus délicates. Si quelqu'un était assez amateur pour faire à ces charmans arbustes le sacrifice d'un mur à bonne exposition, il devrait faire d'abord son plan sur le papier, ne placer que des sortes sans défauts, d'une floraison facile, d'une végétation à peu près égale, et bien mélanger les couleurs ; planter d'abord à distance double les variétés les plus vigoureuses, qui devraient être des noisettes, et remplir les places intermédiaires, soit avec des noisettes de seconde force, ou des bengales de la première. Ces plants devraient être espacés au moins de 3 pieds. Le rang de devant, éloigné du mur de 30 pouces, devrait en contenir également un pareil nombre plantés en échiquier, dont les forces et les couleurs devraient se calculer de manière à laisser à l'air une libre circulation, et former, autant que possible, opposition de couleurs avec le rang du long du mur.

A défaut de murs, on peut tirer parti des abris qui existent ou que les arbres procurent, sauf à faire des tranchées pour couper les racines qui suivraient la direction de la plantation que l'on veut établir : dans ce cas, elle doit être disposée de manière à être préservée du soleil du midi. On peut encore former des abris provisoires avec des planches, des toiles, des paillassons, etc.; mais il faut observer que l'élévation de ces abris doit être au moins du double de la partie plantée. Il faut éviter avec le plus grand soin les lieux bas, humides, ceux dont le sol peu profond reposerait sur du tuf ou des bancs de pierres, ainsi que ceux qui, par suite des dispositions locales, seraient exposés à des courans d'air violens. L'humidité ruine ou détruit plus de bengales que le froid, même en pleine terre : c'est un principe qu'il est bon d'avoir toujours présent à la mémoire quand on les cultive. On verra plus tard, quand il s'agira de la culture en pots, combien sont minutieux les soins que réclament ces jeunes plants pour combattre l'humidité, surtout quand on ne peut donner d'air.

Les bengales sont, en général, plus délicats que nos roses de pleine terre, aussi exigent-ils plus de précautions pour leur plantation. J'emploie avec succès une terre composée d'un tiers de bonne terre à blé ou à potager, un tiers de terreau consommé et un tiers de terre de bruyère. Cette terre, reposée au moins un an, remuée plusieurs fois pendant ce temps et passée à la claie, convient à tous les bengales et noisettes qu'on livre à la pleine terre, de même qu'à la plus grande partie des plantes d'agrément. L'addition d'un peu de poudrette, de crottin de mouton consommé, ou de tout autre engrais très chaud, ajoute toujours à la qualité de cette terre. Si, néanmoins, il s'agissait de plants faibles ou peu enracinés, il serait prudent de la rendre plus légère, ou même d'employer la terre de bruyère pure. Cette composition de terre peut souffrir quelques modifications suivant les moyens ou les ressources que les localités présentent; le but principal est d'obtenir une terre légère, substantielle, un peu sableuse et très perméable à l'eau. Quand il s'agit d'une plantation de quelque importance, et que l'on ne regarde pas trop à la dépense, le mieux serait, sans doute, d'extraire la terre du terrain destiné à la plantation jusqu'à la profondeur de 2 pieds, de donner un labour profond dans le fond de la fouille et de la remplir avec la terre préparée, en se tenant de quelques pouces plus élevé que l'ancien sol, à cause du tassement qui a toujours lieu. Mais ce moyen pourrait paraître dispendieux aux personnes qui ne sont pas à portée des terres convenables; on peut donc réduire de beaucoup l'emploi de ces terres factices en pratiquant des fouilles de 18 à 20 pouces carrés, qu'il suffira de remplir de cette terre. Chacune de ces fosses recevra un plant, qui sera placé au centre, et lorsque, de cette manière, la plantation sera terminée, on donnera un léger labour et on dressera sa planche. Les plantations en pleine terre ne doivent avoir lieu qu'à la fin de mars, afin que les plants aient toute la belle saison pour profiter. Le mieux est d'employer des sujets élevés en pots, quand on le peut, la reprise en est plus prompte et plus assurée. La taille des plants doit avoir lieu de suite, en prenant en considération l'état, la force et la variété, ainsi que le but qu'on se propose; on arrosera ensuite modérément, mais seulement à la chaleur, en employant de rigueur des eaux qui aient reçu les influences de l'air et du soleil. La quantité de terre qui doit recouvrir les racines doit être déterminée par la force et la nature des plants : elle peut varier de 3 à 6 pouces; mais, en général, on doit mettre un peu moins de terre pour les roses délicates que pour celles de pleine terre, par la raison qu'elles redoutent davantage l'humidité. S'il s'agissait de sujets très faibles, il

faudrait les planter dans une petite fosse, entourer les racines de terre de bruyère, et ne la remplir entièrement que lorsque les plants seraient
devenus plus forts. Bien que je ne conseille ces
sortes de plantations que vers la fin de mars, on
n'en a pas moins à craindre les gelées tardives du
printemps ; mais alors le plus léger abri suffit.
Une toile tendue sur ces plants, supportée par
quelques gaulettes ou lattes de treillage fixées sur
des pieux, est un des moyens les plus simples et
les moins dispendieux ; il peut, d'ailleurs, être
encore employé avec succès lors des grandes chaleurs, époque où il devient utile, au moins dans
l'intérêt des fleurs, de préserver ces plants des
ardeurs du midi. On peut encore, au printemps,
se préserver de la gelée en plaçant sur chaque
plant un pot à fleur renversé, assez grand pour
le couvrir; on retire ces pots dans la journée,
ou l'on donne de l'air par dessous selon la température. Lorsque, dans cette saison, le vent est
à l'ouest ou au nord, il est prudent de couvrir
ces plants tous les soirs : la température de nos
printemps est si long-temps variable aux environs
de Paris, qu'il est utile de conserver ces pots auprès des plants jusqu'au mois de mai, afin de les
trouver sous la main au besoin. On peut trouver
chez les potiers de terre des pots défectueux ou

cassés, qui coûtent peu de chose et suffisent à cet usage. Les personnes qui portent plus d'intérêt à ces cultures, ou qui peuvent se permettre plus de dépenses, trouveront, dans l'emploi des bâches et panneaux, des moyens préférables, à la vérité, mais plus dispendieux, quand il s'agira de la conservation des variétés rares ou délicates.

Les binages doivent avoir lieu toutes les fois que la terre est scellée par l'effet des pluies ou des arrosemens, le nombre n'en saurait donc être déterminé; ils sont de même commandés par la propreté, la nécessité de détruire les mauvaises herbes, et bien plus impérieusement par le besoin des plants. L'importance des binages n'est pas assez généralement sentie; ils sont pour les rosiers surtout d'une absolue nécessité; ils préviennent la jaunisse en facilitant le passage de l'air vers les racines, ajoutent à la qualité du sol et entretiennent l'humidité. J'ai souvent guéri la jaunisse et rétabli des sujets malades par la seule précaution d'entretenir constamment la terre meuble à leur pied. Si les opérations dispendieuses de la culture des pépinières forcent les cultivateurs à réduire le nombre des binages au strict nécessaire, il n'en est plus de même d'une culture d'agrément, qui ne comprend que peu d'espace, et qui se borne à peu de plants. On a cru long-temps, et quelques personnes croient encore, que les binages fréquens effritaient et desséchaient la terre; à la porte de Paris même, beaucoup de gens de la campagne n'osent biner en certaines occasions, dans la crainte de nuire à ses productions. Les préjugés de la routine tomberont sans doute bientôt devant l'évidence, qui prouve d'une manière incontestable les bons effets des binages faits en temps opportun. Les anciens sembleraient en avoir connu l'importance mieux que nous, par les détails qu'ils nous ont laissés sur leurs récoltes sarclées; des essais tentés dernièrement sur des céréales ont été couronnés d'un plein succès. En ne considérant ici les binages que sous le rapport de la vigueur qu'ils procurent aux plants, et de la propriété qu'ils ont d'entretenir la fraîcheur du sol en donnant accès à l'air, ils doivent faire partie essentielle des soins à donner aux rosiers.

La suppression des fleurs et surtout des fruits doit avoir lieu sur les sujets faibles ou fatigués, plus particulièrement encore lorsque ce sont des plants dont les fleurs sont doubles ou pleines. Cet avantage précieux qu'ont les bengales d'avoir tous leurs rameaux florifères, tournerait bientôt au préjudice des jeunes plants, si on ne les débarrassait promptement de ces productions prématurées, qui ne donneraient d'ailleurs que des fleurs petites et imparfaites. La connaissance des lois de la végétation apprend que les parties les plus précieuses de la sève sont employées par la nature à la formation des fleurs et des fruits; il devient donc nécessaire d'utiliser cette sève en la forçant à produire des rameaux dont le développement contribue à la vigueur des plants. Les feuilles, qui jouent un si grand rôle dans l'organisation végétale, doivent toujours être ménagées avec le plus grand soin : on doit donc les défendre du ravage des insectes et de la violence des vents, en visitant journellement ces plants et en attachant les rameaux qui ont besoin de liens ou de tuteurs. C'est surtout pour les jeunes plants que ce précepte est de rigueur, la perte des feuilles, même partielle, pouvant les conduire à un état de dépérissement dont peu se relèveraient.

Les bengales souffrent plus ou moins des grandes chaleurs de l'été, en raison de la faiblesse des plants ou de leurs variétés. On remarque généralement que les variétés délicates supportent également mal l'excès du chaud et du froid. Il devient donc d'une nécessité absolue de garantir des grandes chaleurs ceux dont l'expérience a démontré la délicatesse. S'ils sont cultivés en pots, il est facile de les abriter, soit en les plaçant le long des murs, au levant ou au couchant, ou auprès de quelques arbres dont l'ombre les protégera. S'ils ont été plantés en pleine terre, l'amateur a dû réunir dans une même planche tous ceux que leur prix, leur rareté ou leur délicatesse recommandent plus particulièrement à ses soins. Il est difficile de choisir un emplacement tel que les plants y soient également bien l'été et l'hiver; mais comme il est plus facile, dans les environs de Paris, de se garantir de la chaleur que du froid, je ne balancerai pas à donner la préférence à la meilleure exposition d'hiver. Les moyens indiqués pour les préserver des gelées du printemps peuvent encore être employés en cette occasion; mais le meilleur est de former des abris à demeure, qui puissent durer tout le temps des chaleurs. On peut placer devant ses planches des pieux joints par quelques traverses, sur lesquels on fixe des toiles, des claies ou des paillassons : ces moyens et bien d'autres analogues sont d'un emploi facile et peu dispendieux. Quels que soient les abris dont on se servira, il faut toujours qu'ils soient disposés de manière que les plants reçoivent environ deux heures de soleil levant et couchant; il ne faut pas perdre de vue que leur élévation doit être plus du double de la largeur du terrain à abriter. On peut encore atténuer l'ef-

fet des grandes chaleurs par de fréquens arrosemens, et en couvrant son terrain de quelques
pouces de fumier à demi consommé.

Il n'est pas possible de déterminer d'une manière rigoureuse le degré de froid que peuvent
supporter les bengales et les noisettes, une infinité
de circonstances dépendantes du sol, de l'exposition, de l'âge ou de la variété des individus appor-
tent trop de modifications aux expériences tentées
à ce sujet. Greffés, beaucoup supportent assez
bien huit, dix et même douze degrés de froid,
lorsque les yeux demeurent dormans, et surtout
s'ils ne sont pas exposés à l'aspect du soleil levant,
et périssent assez souvent à quelques degrés seulement lorsqu'ils sont développés. Il est donc très
important de s'opposer, autant que possible, à la
pousse des greffes, en ne faisant aucune suppression aux rameaux ou sujets qui ont été greffés ; malgré cette précaution, cependant un certain nombre de greffes, surtout sur les sujets
vigoureux, se lâchent d'elles-mêmes. L'amateur
qui n'en aurait qu'un petit nombre pourrait,
quelques jours après avoir greffé, couvrir ses yeux
de plusieurs tours de laine jusqu'à l'automne, en
observant de les peu serrer ; il est même probable
que cette laine pourrait rester l'hiver et préserver
les greffes de la gelée. La greffe à la pousse, ce

moyen si meurtrier lorsqu'il n'est pas mis en usage dans le court espace de temps où ses inconvéniens peuvent être en partie évités, ne doit jamais être employée, car l'hiver détruirait ces plants, dont les racines auraient été altérées par la suppression des rameaux. Le froid de nos hivers endommage tellement nos bengales greffés, que l'on est presque toujours forcé, au printemps, de descendre leur taille jusqu'à la greffe. Ces rosiers ont d'ailleurs un inconvénient bien grand pour former des têtes, inconvénient que les noisettes partagent avec eux, c'est de développer toujours de leurs greffes des rameaux vigoureux, qui, un peu plus tôt ou un peu plus tard, entraînent la perte de ceux des années précédentes. Il en résulte que rien n'est plus désagréable au coup-d'œil que ces rosiers formant des têtes de saule, recouvertes de plaies et de chicots, qu'il n'est pas toujours possible d'atteindre. Le temps fera sans doute justice de cette manie de vouloir tout greffer sur des tiges élevées, sans considérer ce qui convient pour l'effet ou la durée des greffes. Ces diverses raisons doivent faire donner la préférence aux francs de pied surtout, ou aux sujets greffés assez bas pour cacher cet inconvénient inévitable.

Pour faire, cependant, un sacrifice au goût de quelques personnes, j'indiquerai un moyen dont l'expérience m'a démontré le succès relativement aux greffes élevées. Toutes les fois qu'on empaille un rosier quelconque par les procédés ordinaires, on remarque qu'après l'hiver, lorsque la sève entre en mouvement, il ne se porte pas mieux que celui qui n'a pas été couvert, souvent même il est en plus mauvais état. Un peu de connaissance de cet arbuste en indique bientôt la cause ; aucun rosier ne redoute plus l'humidité que le bengale, on en trouve tous les jours la preuve dans nos serres et nos panneaux, où le séjour seulement d'un peu d'eau sur les feuilles ou les jeunes pousses suffit pour les faire pourrir. Par suite des moyens employés ordinairement, toutes ces poupées ou couvertures, exposées à la pluie, en sont bien bientôt pénétrées, et l'humidité, dans ces cas où l'air n'a pas d'action, fait plus de dégât que le froid. Je conseille de tailler ces rosiers un peu court par un beau temps bien sec et le plus tard possible, sans s'embarrasser de quatre à cinq degrés de froid, de les envelopper également partout avec de la mousse très sèche, recouverte d'un peu de paille ou de foin, qu'on assujettit avec de l'osier ou de la ficelle. On place ensuite par dessus cette poupée un vase ou pot à fleur de grandeur proportionnée, en fixant le sujet par un tuteur ; si on employait des pots à fleurs, ce qui est le plus économique, il faudrait que les trous fussent soigneusement bouchés; s'il s'agissait d'yeux dormans, il conviendrait d'abord de placer sur eux un peu de laine, de bourre ou de coton.

Lorsque j'avais autrefois à me défendre des ravages de la lisette ou charançon gris (*cucurlio cineraceus*), je couvrais mes greffes en œil dormant avec de la composition à greffer, et je m'en trouvais bien; mes yeux, au printemps, la perçaient facilement; à la vérité, je ne la plaçais qu'en mars. Néanmoins, je suis presque persuadé que des greffes recouvertes de composition en novembre seraient préservées du froid. Je me proposais d'essayer ce moyen cette année; mais, ayant été surpris par la gelée, je suis obligé d'ajourner cette expérience à l'an prochain : tout me porte à croire qu'elle doit réussir. Il ne faut pas s'inquiéter pour le printemps, l'œil, si faible qu'il nous paraît, saura bien se faire jour au travers de la composition; la chaleur, d'ailleurs, à cette époque, la dilate et la rend plus molle. Le succès d'un moyen si simple deviendrait d'une haute importance pour la conservation des jeunes greffes de bengales. J'appelle donc à ce sujet l'attention des personnes qui s'intéressent au progrès de ces cultures.

La pratique apprend que le soleil levant, après la gelée, endommage davantage les plants que l'intensité du froid; on peut donc parvenir à diminuer le nombre de ses pertes en ne plaçant ses bengales qu'aux expositions où le soleil ne parvient qu'après dix ou onze heures. Pour les amateurs qui n'ont pas un grand nombre de sujets, ils peuvent facilement les abriter par des toiles ou paillassons, s'ils ont eu soin de les réunir et surtout s'ils sont greffés bas. S'ils sont francs de pied, 5 ou 6 pouces de fumier à demi consommé, placés autour des plants par un temps bien sec, suffisent à leur conservation. L'extrémité des rameaux périra, à la vérité, une partie du bois même engagé dans le fumier aura souvent le même sort par suite du trop d'humidité, mais le pied se conservera bien; et comme les rameaux du bengale sont tous florifères, la perte d'une partie du bois de l'année précédente est peu de chose. Ce moyen, qui est employé chez moi pour un grand nombre de plants, peut suffire à ceux qui redoutent l'embarras et l'assujettissement. La conservation du bois des bengales n'est cependant pas impossible, mais elle exige plus de précautions et des attentions plus suivies, dont on est, au printemps, amplement dédommagé. Voici, pour obtenir ce résultat, un des meilleurs moyens à employer.

Lorsque le froid atteindra trois ou quatre degrés et menacera d'augmenter encore, choisissez une belle journée de soleil, s'il se peut, et opérez de la manière suivante : réunissez avec quelques liens très doux tous les rameaux de vos sujets; entourez vos plants de mousse très sèche sur une longueur de 6 à 12 pouces, suivant leur force ou leur variété; coupez ensuite l'extrémité de ces rameaux, mais de manière qu'ils dépassent la poupée de quelques pouces; entourez chaque plant de 6 à 8 pouces de fumier sec bien tassé et placé de manière qu'il présente une pente très sensible pour l'écoulement des eaux; recouvrez ensuite vos plants d'un pot à fleur dont les ouvertures seront bouchées, et lorsque la gelée atteindra 8 à 9 degrés, jetez sur vos pots un peu de fumier. Il faut donner de l'air autant qu'il est possible, lorsque le temps le permet, en ôtant le pot tout à fait ou seulement en le soulevant; la plus grande attention que ce moyen réclame est que le plant soit toujours couvert quand il pleut, afin que la mousse soit constamment sèche; si, par suite d'oubli ou de négligence, la mousse était mouillée, on la changerait. On peut, par ce procédé, qui n'est ni dispendieux ni très embarrassant, conserver parfaitement bien les bengales les plus délicats et une infinité d'autres plantes.

de serre qu'il serait plus avantageux de cultiver en pleine terre. Vers le 15 mars, on peut retirer la mousse avec précaution, écarter un peu le fumier des plants, afin de donner plus de circulation à l'air et se régler, à cet égard, sur la température; il devient alors inutile de les préserver de la pluie, qui, au contraire, leur est avantageuse quand elle vient par le vent du midi. Au commencement d'avril, on peut retirer ou enterrer le fumier; mais les pots ne doivent quitter la proximité des plants qu'à la fin du mois, si la saison paraît fixée. Même pour les sujets greffés, bengales ou autres, auxquels on attache de l'importance, je regarde comme utile de couvrir le pied de fumier; indépendamment du bien qu'il peut faire comme engrais, il y a quelque avantage à empêcher les racines de subir l'action de la gelée; on ne peut nier que le chevelu ou les jeunes racines, pour les plants mis en terre à l'automne, ne souffrent de ce changement d'état.

On peut donc, comme on voit, sauver des ravages de l'hiver et cultiver en pleine terre nos bengales et nos noisettes avec quelques précautions; il ne s'agit que de les préserver d'un froid excédant environ quatre degrés et surtout de l'humidité pendant la mauvaise saison. Les moyens que j'ai indiqués suffisent pour mettre sur la voie les personnes qui ont quelque habitude de la culture; en ne perdant pas de vue les principaux points et en raisonnant par analogie, il s'en présentera beaucoup d'autres qu'il serait superflu d'indiquer. Tous ces soins de détail sont prodigués, chez moi, à plusieurs centaines de plants comprenant plus de deux cents variétés, et leur végétation satisfaisante en justifie l'emploi; les amateurs qui n'ont que quelques plants à soigner ne seraient donc pas excusables de négliger des moyens si faciles d'obtenir des sujets vigoureux, qui se couvrent, pendant cinq mois de l'année, de fleurs aussi belles que nombreuses.

CHAPITRE III.

CULTURE DES BENGALES ET NOISETTES EN POTS.

Terres. — Empotage. — Serres et Panneaux. — Arrosemens. — Soins divers.

La culture des bengales en pleine terre réclame sans doute quelques soins, mais avec un peu d'habitude et d'attention on parvient bientôt à se les rendre familiers ; ces soins, d'ailleurs, sont bornés à quelques mois de l'année, et la pleine terre où ils végètent nous en sauve la plus grande partie. Il n'en est pas de même pour la culture en pots : en forçant ces jeunes plants à vivre dans une capacité déterminée, nous augmentons leurs besoins à un tel point, que l'on peut dire que ce n'est qu'à force d'art et d'attentions qu'il est possible de les faire prospérer. L'amateur qui cultive en pots devient l'esclave de ses plants : vainement les confiera-t-il aux soins d'un jardinier, l'expérience est là qui prouve que cette attention de tous les momens ne peut être obtenue, exigée même de ceux dont l'éducation n'a pas développé l'intelligence et qui n'attachent d'autre importance à la culture que l'existence qu'elle leur procure : quelques exceptions, mais fort rares, pourraient être citées à la vérité, mais il n'en est pas moins vrai de dire que, quand on cultive en pots des plantes de quelque intérêt, il faut s'en occuper soi-même.

Les soins étant très différens, suivant la force et la variété des plants, je crois devoir les diviser en trois âges, afin de mettre plus d'ordre dans ces détails. Je comprends dans le premier âge les semences, les boutures, les couchis de l'année et les plants de l'année précédente, qui sont demeurés faibles ou languissans. Je place dans le second âge les plants qui viennent d'être cités ayant un an d'existence de plus, et dans le troisième tous ceux de deux ans et au dessus, pourvu qu'ils ne soient pas souffrans.

Soins à donner au premier âge.

Le choix de la terre à employer pour les plants de cet âge étant de la plus grande importance et même une condition de leur existence, je m'en occuperai d'abord. La terre de bruyère pure est la seule qui leur convienne quand on peut s'en procurer, j'indiquerai plus tard les moyens de la suppléer partout où l'on n'en a pas. Il ne faut pas

8.

perdre de vue que l'humidité est plus préjudiciable aux jeunes bengales que le froid, et qu'il faut
que la terre soit d'autant plus poreuse et accessi-
ble à l'air, que ces jeunes plants sont destinés à
passer l'hiver en serre ou sous panneaux, où il ne
sera pas toujours possible de leur donner de l'air
suffisamment. La terre de bruyère, pour être
convenable aux plants de cet âge, doit être récemment tirée des bois, ou l'avoir été depuis
moins d'un an; si elle était tourbeuse, il faudrait y ajouter du sable très fin, la bien mêler et
passer le tout au crible ou à la claie. Avec un peu
d'habitude, à l'œil et au toucher, on apprendra à
connaître le degré de légèreté et de porosité convenable; il vaut mieux pécher par excès de porosité que par l'excès contraire. Pour des plants
très délicats, très peu enracinés ou à empoter pendant l'hiver, l'addition de moitié sable
avec la terre de bruyère devient nécessaire. On
peut rendre sa terre aussi légère que les plants
l'exigent en y ajoutant une quantité plus ou moins
grande de sable; mais il n'est pas aussi facile de
régler le degré de porosité à lui donner. On peut
reconnaître que la terre est suffisamment poreuse par le moyen suivant: Mettez de la terre de
bruyère ou préparée dans un vase; tassez-la légèrement avec la main en l'égalisant; appuyez le

pouce dessus; s'il reste imprimé, elle n'est pas assez poreuse; elle est bonne, au contraire, si elle
remonte. La terre de bruyère doit cette propriété
aux nombreuses particules de mousse et de bruyères qu'elle contient; lorsque cette terre est passée
par des cribles trop fins, elle perd beaucoup de sa
qualité, se tasse bien davantage et ne présente plus
autant de facilité aux racines pour leur accroissement. C'est par cette raison que, dans quelques
maisons de culture, on se borne à casser les mottes et à l'éplucher au râteau. La terre de bruyère
se compose de trois parties principales, de sable
fin, de terreau provenant de décompositions vé-
gétales et des particules de mousse, bruyère ou
plantes ligneuses non encore décomposées : c'est
cette dernière partie surtout qui lui donne la propriété d'être facilement pénétrée par l'air et susceptible de fournir un prompt écoulement aux
eaux surabondantes. Ces parties non décomposées ne jouent donc d'abord qu'un rôle pure-
ment mécanique à l'égard des jeunes plants, jusqu'au moment où, réduites elles-mêmes en terreau,
elles ajoutent aux qualités nutritives de la terre
en perdant leur plus importante propriété. On aurait donc tort de croire qu'avec seulement du sable et du terreau provenant de feuilles ou autres
végétaux on puisse faire de la terre de bruyère;

toutes les fois qu'on n'ajoutera pas une matière quelconque, douée d'une lente décomposition, capable de s'opposer à la trop grande adhérence des molécules du terreau, on ne réussira pas, particulièrement pour les plants du premier âge ou les plantes délicates. On peut parvenir à remplacer la terre de bruyère en prenant un tiers de sable fin, un tiers de terreau de feuilles consommé, ou, à son défaut, de fumier de cheval, et un tiers de mousse passée au four pour en détruire les graines, et hachée ou coupée très fin. Ces trois parties, bien mélangées, forment une terre légère, poreuse et qui remplace fort bien la terre de bruyère pour les plants délicats. Des bruyères garnies de leurs feuilles, ou autres plantes ligneuses d'une lente décomposition pourraient sans doute remplacer la mousse. Il en sera ailleurs parlé plus au long.

Autant qu'il est possible, l'empotage des jeunes plants doit avoir lieu en septembre, afin qu'ils aient le temps d'étendre leurs racines et de prendre de la force avant leur rentrée en serre. Cette opération entraîne nécessairement la perte d'une partie des feuilles de ces jeunes plants, et il est utile qu'elle ait lieu avant qu'ils n'occupent dans les serres et panneaux leur place définitive d'hiver. On doit donc calculer ses opérations de multiplication de manière à ne pas dépasser le

20 ou 25 septembre pour l'empotage des jeunes plants ou le rempotage des autres. La grandeur des pots doit être déterminée non seulement sur la force actuelle des plants, mais encore sur la plus ou moins grande vigueur de la variété; les amateurs, d'ailleurs, qui n'ont pas la même raison que les marchands de tenir leurs plants à l'étroit, feront bien de leur donner en avril des pots un peu plus grands.

La forme des pots est loin d'être indifférente, et, en général, on ne donne pas assez d'importance à leur confection, surtout quand il s'agit de la culture des plantes précieuses. J'ai fait, il y a déjà long-temps, exécuter avec succès des godets dont le fond est rentré de 3 lignes, et sur le bord inférieur desquels j'ai fait pratiquer trois entailles de 3 lignes carrées; sous les autres pots d'une plus grande capacité, j'ai fait rapporter trois pieds sous le fond, de 3 à 5 lignes d'élévation, suivant leur grandeur. Ces pots, dont le prix ne présente qu'une légère différence d'avec les autres, ont sur eux des avantages incontestables. Ils s'opposent à la pourriture des planches ou tablettes où on les place, en établissant sous eux des courans d'air, ils facilitent l'écoulement des eaux surabondantes, ce qui les rend très propres à l'empotage des plants faibles ou délicats.

Placés dans les serres ou panneaux sur couches, leur élévation permet à la chaleur de circuler plus également autour d'eux; enfin ils sont moins sujets aux vers de terre. La confection de ces pots n'entraîne pas un cinquième d'augmentation; qu'on mette en balance cette faible différence de dépense avec les avantages évidens qui en résultent, et on trouvera qu'il y a économie à les employer. En empotant dans ces sortes de pots, on peut se borner à placer seulement un petit tesson sur le trou, mais si on employait des pots ordinaires, il serait bon d'y ajouter un peu de gros sable ou autres matières, afin de faciliter davantage l'écoulement des eaux. Les trous de nos poteries me paraissent trop petits; en Angleterre et en Hollande, où toutes les pratiques de l'horticulture sont raisonnées, les trous de leurs pots sont beaucoup plus grands.

Les plants du premier âge n'ayant que de faibles racines qui, très souvent encore, ne sont pas arrivées à leur état parfait, ce qu'indique leur couleur blanche ou jaunâtre, il convient de ne les recouvrir que de peu de terre, 5 ou 6 lignes suffisent pour les variétés les plus délicates et 8 ou 10 pour les autres. Il est nécessaire que l'air agisse sur ces racines, afin qu'elles s'aoûtent et s'étendent plus promptement; la pratique et l'expérience sont d'accord à cet égard, l'humidité est d'ailleurs moins à redouter. Si le plant l'exigeait, il faudrait l'assujettir à un petit tuteur placé dans un sens incliné, afin de ne pas blesser les racines; on conçoit que le plus léger ébranlement auquel on exposerait des plants aussi faibles pourrait compromettre leur existence. Toutes les fois qu'on empote, on doit avoir le plus grand soin de placer ses racines dans une position telle, que leur extrémité soit disposée à descendre. S'il s'agissait de la conservation de quelques plants très faibles auxquels on attacherait de l'importance, on pourrait employer le moyen suivant, dont je me sers quelquefois et que j'ai trouvé pratiqué dans les meilleures maisons de culture de Londres : Ayez un morceau de bois rond de 3 pouces de longueur sur 10 ou 12 lignes de diamètre; emplissez votre godet jusqu'au tiers de bonne terre de bruyère, plutôt sablonneuse qu'autrement; placez sur cette terre votre morceau de bois juste au milieu du pot; continuez à le remplir jusqu'à 5 lignes du bord, en tassant la terre modérément; retirez votre morceau de bois, et remplissez la capacité qu'il a laissée avec du sable très fin; plantez ensuite votre jeune plant dans ce sable avec beaucoup de précaution. On doit voir que le but de cette opération est de mettre les jeunes racines dans une position plus favorable, pour se défendre de l'humidité; plus tard, lorsqu'elles auront traversé ce sable, elles trouveront autour d'elles une nourriture plus appropriée à leurs besoins. Ce procédé, que je ne crois pas très répandu, a plusieurs avantages importans, et peut être utilisé dans beaucoup de circonstances, et employé même en toute saison. La perméabilité du sable, qui n'admet jamais qu'une humidité égale et modérée, et sa propriété d'ouvrir un libre passage aux influences atmosphériques, assignent aujourd'hui à cette matière, long-temps dédaignée, une place importante dans la culture d'agrément, comme moyen accessoire de multiplication et de conservation.

J'ai pour habitude de ne rentrer mes poteries de bengales et de noisettes, même du premier âge, que quand le froid atteint deux degrés; pour les plants des deuxième et troisième âges, j'attends qu'il s'élève à trois ou quatre, surtout s'ils sont abrités du soleil levant. J'ai eu lieu souvent de remarquer que les bengales qui n'ont pas supporté ces degrés de froid sont constamment couverts de pucerons pendant l'hiver dans nos serres, ce qui les rend d'une malpropreté repoussante; au contraire, je n'en ai que très peu ou point du tout par le moyen que j'emploie; j'ai en ce moment, 15 janvier, plus de deux mille bengales dans une serre tempérée et pas un seul puceron.

La chaleur est nuisible aux bengales, elle développe prématurément les jeunes pousses de ces arbustes, et il s'ensuit de là qu'au printemps et une partie de l'été ils demeurent dans un état de souffrance ou de repos, dont ils ne sortent qu'à l'automne. Pour les plants du premier âge, cinq degrés de chaleur suffisent; mais comme les serres dans lesquelles on les rentre contiennent presque toujours des plantes plus délicates, on fera bien de les placer le long des vitraux, où ils auront plus de lumière et moins de chaleur, en leur donnant de l'air autant que possible. Je préfère, néanmoins, l'emploi des panneaux pour ces jeunes plants, par la raison que, cultivés seuls, on n'est pas obligé de les assujettir aux exigences des autres plantes; ils jouissent, d'ailleurs, beaucoup mieux des influences de l'air et du soleil. On peut placer sur une petite couche un panneau renfermant les plants auxquels on porte le plus d'intérêt; leur réunion a quelque avantage et les rend plus faciles à soigner; il serait bon d'avoir deux coffres de panneaux pareils, afin de renouveler la couche toutes les six semaines. Les pots doivent être placés non sur la terre ou sur le fumier, qui donnerait trop d'humidité, mais sur des planches, ou, mieux, sur des fonds faits exprès pour ces panneaux. Ces fonds se composent de barres de bois de 2 pouces et demi de largeur, écartées entre elles de 18 lignes et fixées sur des traverses placées au dessous ; il est de nécessité que les clous soient rivés, afin de s'opposer au travail du bois. On peut employer pour ces fonds du bois de bateau de 12 lignes, le chêne serait préférable au sapin. Les pots doivent être rangés sur les barres, et les intervalles servent à laisser échapper la chaleur de la couche : par le moyen de ces fonds, le tassement de la couche a lieu également, avantage qu'on ne saurait obtenir autrement. La largeur des barres de ces fonds doit être, au surplus, calculée sur la grandeur des pots qu'on destine à mettre sur couche, celle que j'ai donnée est pour des godets de 3 à 4 pouces de diamètre. Il est bon de laisser entre chaque pot un intervalle de quelques lignes, afin de pouvoir, au besoin, les ôter et les remettre avec facilité. La terre du dessus des pots doit être renouvelée aussi souvent que l'exige la propreté ou la destruction des mousses.

Toutes les fois qu'il ne gèle pas, que le soleil donne ou que le temps est doux, il faut donner de l'air ; on peut même retirer entièrement le dessus des panneaux pendant les heures les moins froides de la journée. Il est prudent de ne rien mettre dans le bas des panneaux sur une largeur de 5 à 6 pouces, ou de n'y mettre que des sortes vigoureuses; l'humidité presque constante qui règne dans cette partie, l'absence du soleil et le peu d'air qui y parvient entraînent fréquemment la perte des plants qu'on y dépose. Les panneaux doivent être entourés de fumier vers le 15 novembre; les choses nécessaires à les couvrir pendant les grands froids, telles que la paille, les paillassons, la grande litière, etc., doivent être déposées auprès, afin de les avoir sous sa main lorsque le besoin en réclamera l'emploi. Tant que le froid ne dépasse pas six à sept degrés, on peut encore donner de l'air pendant quelques heures de la journée, si le soleil luit; au delà de ce degré de froid, ou si le temps est sombre, il est prudent de couvrir ses panneaux à demeure, en les chargeant de 6 pouces environ de paille ou de longue litière, qu'on assujettit avec quelques barres de bois plates et pesantes, qui laissent moins de passage à l'air et moins de prise au vent. Les amateurs qui pourraient disposer d'une petite cour fermée de murs, bien exposée au midi d'hiver, feront toujours bien d'y réunir leurs panneaux et leurs poteries; un lieu pareil, convenablement disposé, présente tant d'avantage pour celui qui sait en tirer parti, qu'en définitif il y a plus d'économie que de dépense à l'établir. Voici encore un moyen d'une grande propreté et qui a l'avantage de ne pas endommager, comme le fumier, le bois des panneaux : Ayez un coffre de panneau de 3 pieds et demi carrés, ayez de plus un autre coffre de 4 pieds en tous sens, mais de 18 lignes moins élevé que le premier ; mettez le plus petit au milieu du plus grand, profitez d'un beau jour de soleil et remplissez l'intervalle qui est entre les deux avec de la mousse très sèche et bien foulée également ; recouvrez cette mousse avec quatre planches légères de largeur et longueur convenables, qui seront arrêtées du côté du premier panneau par un petit tasseau, sous lequel elles passeront et sur le second par quelques clous d'épingle ; la mousse se trouve, par ce moyen, totalement à l'abri de l'humidité, la différence d'élévation des deux panneaux donne assez de pente pour renvoyer les eaux au delà. Un tel panneau, garni d'un fond à barres, convient beaucoup aux plants du premier âge, qui y sont très sainement ; l'abord en est propre et facile, bien couvert, il pourrait défier quinze degrés de froid.

L'arrosement est peut-être le point le plus important comme le plus difficile de la culture en pots, et c'est, en général, le plus négligé ; c'est au moins l'écueil du plus grand nombre des jardiniers, et la majeure partie des plantes cultivées de cette manière périt ordinairement par défaut ou excès d'humidité. La mauvaise forme des pots et le peu de soins qu'on apporte à l'empotage sont, sans doute, au nombre des causes de dépérissement; mais la négligence, l'insouciance et l'impéritie des jardiniers y sont encore pour beaucoup plus. Que font, en effet, la plupart des jardiniers en arrosant, si ce n'est de donner de l'eau avec une sorte d'uniformité à tous les pots dont la terre est sèche en dessus? Combien de plantes dont les mottes sont quelquefois plusieurs mois sans être pénétrées, et qui ne doivent qu'à cette absence d'humidité intérieure l'état de stagnation ou de dépérissement où elles se trouvent!

La terre des pots, surtout de ceux nouvellement empotés, opère toujours sur elle-même un mouvement de retrait plus ou moins considérable et qui donne lieu au prompt écoulement des eaux. On évite cet inconvénient en appuyant légèrement le doigt autour du pot; mais, de cette manière, la terre du bord se trouve plus basse que celle du centre; je préfère, au contraire, en empotant, tenir la terre du bord un peu plus élevée, et lorsque le retrait est opéré, passer le doigt ou un petit bâton autour de mes poteries, afin de l'appuyer contre les bords : par ce moyen on obtient une superficie égale, le retrait a lieu d'autant plus promptement et fortement que les premiers arrosemens ont été plus abondans; il est préférable qu'il ait lieu de suite, par la raison qu'une fois mis à leur place d'hiver, il est avantageux de ne plus avoir à s'occuper de ces soins de détail. Les pots employés généralement pour l'empotage des jeunes bengales doivent, lorsqu'ils sont bien mouillés, conserver leur humidité pendant quatre à cinq jours suivant la saison ; si on s'aperçoit qu'un ou deux jours après l'arrosement le dessus d'un pot soit sec, on peut être assuré que la motte n'est pas imbibée : alors il faut placer son pot dans un vase d'eau et l'y laisser quelque temps, afin qu'il se mouille par absorption. L'habitude de la culture fait bientôt distinguer un plant en état de souffrance; la faiblesse de la végétation, la chute des boutons à fleurs, des feuilles même, l'aoûtement forcé, la stagnation de la sève en sont des signes certains qui attestent toujours la négligence ou l'incapacité de l'ouvrier. Cultivée en pots, une plante quelconque n'en doit pas moins parvenir successivement et sans interruption à toutes les périodes de son accroissement; il est, cependant, loin d'en être ainsi, et si on en excepte quelques amateurs qui s'en occupent spécialement et par eux-mêmes , on trouve assez rarement un certain nombre de poteries tenues dans un état satisfaisant. Du moment qu'un plant en pot languit et que sa végétation s'arrête, on en doit rechercher de suite la cause avec soin, afin d'y porter remède. Cette cause dépend presque toujours de la qualité de la terre , de l'empotage, de l'exposition, ou de l'excès ou absence d'humidité. On peut, sans beaucoup d'inconvéniens, rempoter les bengales, même par les grandes chaleurs, et réduire leur motte des deux tiers, afin de leur donner de meilleure terre; il est prudent, dans ce cas , de supprimer les fleurs et les boutons et de les tenir à l'ombre quelque temps. Les eaux composées peuvent aussi être employées avec succès, surtout pour les plants faibles, précieux ou languissans ; mais alors il sera bon de donner, après, un léger binage aux pots , car les diverses particules de matières dont ces eaux sont chargées formeraient sur la terre une croûte qui s'opposerait à l'action de l'air.

Pendant l'hiver, on doit avoir la plus grande attention à ne pas mouiller les feuilles ni le bois des bengales, afin d'éviter la moisissure; avec un peu de précaution et l'emploi de légers arrosoirs appropriés à cet usage, il est facile de n'arroser que la terre. Les arrosemens ne doivent avoir lieu que lorsque le soleil donne ; si son absence se prolongeait trop, il faudrait faire du feu dans la serre. L'eau à employer doit être légèrement rendue tiède, le doigt placé dans l'arrosoir indique facilement le degré convenable : il serait imprudent d'employer des eaux crues ou trop froides ; si on en était réduit là, il faudrait les soumettre à l'ébullition. Cette attention de ne pas mouiller les feuilles ni le bois des jeunes bengales est absolument de rigueur pour les plants sous panneaux, car il peut arriver que d'un moment à l'autre on soit forcé de les couvrir à demeure pour plusieurs semaines ; il vaudrait mieux, au besoin, si on prévoyait de fortes gelées, se dispenser d'arroser, que de s'exposer à priver d'air pendant quelque temps des plants qui l'auraient été récemment.

L'époque de la sortie des plants du premier âge des serres ou panneaux est subordonnée à la température, et peut-être davantage au nombre qu'on en a. En avril, les bengales se déplaisent en serre ; vainement donne-t-on de l'air autant que possible, la chaleur y est souvent trop forte : malheur alors aux pots qui manquent d'eau ! L'amateur qui n'a que quelques poteries, dont le déplacement est prompt et facile, trouve toujours le long de ses murs un lieu propice pour les abriter ; mais quand il s'agit, comme dans nos maisons, du mouvement de plusieurs milliers de plants, on ne sait quelquefois à quelle idée s'arrêter; on ne se sauve souvent d'un inconvénient que pour tomber dans un autre. Le printemps est en effet si variable aux environs de Paris, qu'il nous cause assez fréquemment plus de pertes que l'hiver. Les amateurs qui ont ou qui pourraient tenir leurs bengales en panneaux feront bien de les y laisser jusqu'au 15 de mai, époque où la belle saison est généralement fixée. Les soins qu'ils réclament consistent en des arrosemens plus fréquens, à leur donner beaucoup d'air en ouvrant ou retirant les panneaux, en raison de la température, et à les abriter des trop grandes ardeurs du soleil par des toiles, paillassons ou autres moyens. On peut encore, vers ce temps, rempoter dans des pots plus grands les plants qui annoncent une végétation vigoureuse, ou qui, pour des raisons particulières, auraient été tenus en terre très sablonneuse pour passer l'hiver. Vers la fin de mai, il devient nécessaire de placer tous ces jeunes plants à une exposition où ils devront passer l'été, et où ils recevront les rayons du soleil levant et couchant pendant trois heures environ. Malgré cette précaution, ces jeunes plants ne pourraient passer ainsi l'été exposés aux influences de l'air, qui absorberait trop promptement l'humidité de la terre : il devient donc nécessaire de les en préserver, en les enterrant, jusqu'à quelques lignes du bord, dans une terre légère ou dans du sable; ce qui est beaucoup mieux. Ce moyen cependant présente un inconvénient à l'automne; une sorte de petits lombrics paraissent alors en grande quantité, qui pénètrent dans les pots par le trou des fonds, bouleversent la terre, et donnent à l'air un trop libre accès. Cet inconvénient peut être atténué en plaçant au fond des pots, lors de l'empotage, des tessons qui couvrent leur superficie : ils éprouvent alors plus de difficultés à passer, la grandeur de ces tessons s'oppose encore à la sortie des racines. Des recherches à ce sujet procureraient sans doute la connaissance de quelques matières propres à les éloigner; la corne, et l'eau dans laquelle on a fait bouillir de la feuille de noyer, ont, dit-on, cette propriété. J'emploie chez moi, pour me préserver de ces insectes, du mâchefer, que je place au fond des encadremens destinés à recevoir mes poteries, je les couvre ensuite de 6 pouces de sable de rivière, dans lequel j'enterre mes pots jusqu'à l'automne. On doit donner 12 pouces d'épaisseur à ces couches de mâchefer, car les miennes, qui n'en ont que 6, sont encore quelquefois traversées par les lombrics. On détruit ces vers quand on s'aperçoit de leur présence dans les poteries, en les dépotant avec précaution, on les trouve alors placés autour de la motte; ils périssent de même lorsque les plants manquent d'humidité. J'ai cru remarquer que ces lombrics n'aimaient pas la chaleur, car on ne les trouve guère dans les poteries qu'à l'automne, et jamais aux expositions chaudes; dans la serre, malgré l'humidité des pots, ils ne supportent pas une température de dix degrés de chaleur, et viennent mourir assez souvent à la superficie des pots.

Quand on a enterré ses poteries, soit dans de la terre ou du sable, on doit, au moins une fois par mois, les tourner, afin d'empêcher les racines de s'étendre par dessous; l'oubli de cette précaution entraînerait plus tard à des suppressions très préjudiciables aux plants. On ne doit pas laisser ces jeunes rosiers porter des fleurs avant la fin d'août, encore moins y souffrir des fruits.

Je me suis beaucoup étendu sur les soins à donner aux jeunes plants du premier âge, leur extrême faiblesse, la délicatesse de leurs organes, et la proximité de la mauvaise saison exigeaient ces détails, minutieux à la vérité, mais cependant indispensables. Tous les soins se réduisent, comme on voit, à leur donner une terre très légère et surtout très poreuse, à les tenir dans un état d'humidité égal et modéré, à ne pas leur laisser supporter l'hiver plus de deux degrés de froid et cinq à six de chaleur, à faciliter, lors de l'empotage, l'écoulement des eaux surabondantes, à leur donner de l'air autant que possible; enfin à leur procurer, selon la saison ou la température, une exposition convenable. C'est avec de tels soins et une grande attention que je suis parvenu à ne presque rien appréhender de l'hiver, et je puis assurer que mes pertes, pendant les six mois de la mauvaise saison, ne sont pas d'un plant sur trois cents; j'ai cependant en ce moment trois milliers de bengales en pots.

CHAPITRE IV.

SUITE DE LA CULTURE EN POTS.

Plants des deuxième et troisième âges. —
Taille. — Soins divers.

Les détails dans lesquels je suis entré dans le
chapitre précédent ne me laissent que peu de choses à dire sur les plants des deuxième et troisième
âges, les soins qu'ils exigent n'étant, en général,
qu'une modification de ceux dont j'ai parlé. Vers
la fin d'avril, s'ils ont été bien conduits, une partie des plants du premier âge pourra déjà être
confiée à la pleine terre, en employant les précautions dont il a été fait mention ; quant à ceux destinés à être cultivés en pots, il sera utile de les
rempoter dans des pots plus grands, en leur donnant une terre un peu moins légère et un peu
plus substantielle. Dans le premier âge, on avait
à lutter, aux approches de l'hiver, contre les intempéries de la saison, à les défendre de l'humidité, à les prémunir contre l'absence de l'air et
souvent du soleil : tout devait donc tendre vers le

seul but de leur conservation. Il n'en est plus de même maintenant : doués d'une organisation plus forte, à l'ouverture de la belle saison, il devient permis de fonder sur eux l'espoir de quelques jouissances. Si la terre de bruyère pure peut encore convenir à quelques variétés délicates, le plus grand nombre peut s'en passer. Une terre composée, comme il a déjà été dit, d'un tiers de bonne terre à blé ou à potager, d'un tiers de terreau consommé et d'un tiers de terre de bruyère, le tout reposé d'avance, bien mêlé et passé à la claie, convient à presque toutes les variétés des plants de ces âges; je n'admets même la terre de bruyère que comme un agent mécanique dont le principal effet est de s'opposer à la trop forte ou trop prompte réunion des molécules des autres terres, et dans ce cas cet agent peut être remplacé par d'autres. Je vais plus loin, et j'assure que toutes les fois qu'il s'agit de terres destinées à empoter, la présence d'un tel agent est indispensable; la seule inspection de la terre où végètent les plants cultivés en pots prouve cette vérité jusqu'à l'évidence. En effet, quelques soins qu'on puisse prendre avant l'empotage pour rendre une terre perméable à l'eau par les moyens ordinaires, battue fréquemment par la pluie et les arrosemens répétés, il est rare qu'au bout de six mois elle ne présente pas une masse tellement compacte, qu'elle ne puisse plus être pénétrée par les jeunes racines ni même par les arrose-mens. Vainement objectera-t-on qu'aux empotages annuels une partie de cette terre disparaît, le noyau demeure toujours; mieux vaudrait, pour un grand nombre de plantes, les empoter à racines nues. Il est hors de doute que l'enracinement des rameaux que nous abaissons pour nous procurer des francs de pied ne soit d'autant plus prompt et plus complet, que nous employons des terres plus légères, et si j'avais à m'occuper des moyens de multiplication, j'établirais d'une manière irrécusable que la terre, même la plus légère, peut encore être avantageusement remplacée par des matières qui produisent le même effet, c'est à dire qui s'opposent à la trop prompte adhérence des molécules des autres terres. Le plan que je me suis tracé ne me permet pas de rechercher quelles seraient les matières qui, par leur lente décomposition, procureraient cet avantage; je me bornerai donc à indiquer la mousse, dont, dans beaucoup d'occasions, j'ai reconnu les bons effets. Faites sécher de la mousse dans un four modérément chaud, afin de détruire les graines et tous principes de vie qui pourraient s'y trouver, et afin encore de la rendre plus facile à diviser. Coupez avec de gros ciseaux, ou hachez, par n'importe quel moyen, cette mousse le plus menu qu'il sera possible; prenez ensuite deux parties quelconques de bonne terre à blé, une partie de terreau consommé, une partie de sable fin et un peu de poudrette, mêlez et passez le tout au crible; ajoutez ensuite une partie et demie de mousse préparée, et mêlez bien de nouveau. Le mélange de ces diverses terres peut être fait d'avance, elles n'en vaudront que mieux; mais la mousse ne doit être ajoutée qu'à l'instant de s'en servir. Cette terre, dont je garantis les bons effets pour les bengales qui ont passé le premier âge, pourrait sans doute être employée utilement pour la plus grande partie des plantes formées que nous tenons encore en terre de bruyère. Aujourd'hui qu'une pratique mieux éclairée et qu'une attention plus réfléchie se font remarquer dans nos opérations d'horticulture, nous reconnaissons déjà l'abus que nous faisons de la terre de bruyère, qui, par sa rareté et son prix élevé, mérite bien qu'on l'économise.

Après l'empotage du printemps, les bengales doivent être déposés, selon l'époque où cette opération aura eu lieu, dans un endroit plus ou moins exposé au soleil, mais abrité des courans d'air et des vents d'ouest ou du nord. Leur taille consiste à supprimer les branches tavelées, mal placées, et à raccourcir les autres dans une proportion indiquée par la nature de l'espèce ou de la variété, par le plus ou moins grand nombre de fleurs qu'elles donnent, par le degré de facilité de leur épanouissement, et par plusieurs raisons que la présence du sujet peut seule déterminer. Dans quelques variétés de noisettes qui se mettent lentement à fleur, et qui ne produisent que peu de brindilles, la taille doit avoir principalement pour but de provoquer la naissance des rameaux à fleurs; quelques variétés sont même si rebelles, qu'indépendamment de la greffe qu'il faut employer, on est encore forcé de les tailler ou pincer plusieurs fois pendant la belle saison, pour déterminer la naissance des fleurs. Ces variétés, toutes très vigoureuses, n'ayant rien à redouter en pleine terre, on peut se dispenser de les cultiver en pots.

Les bengales ne tracent pas, c'est un caractère particulier qui leur est propre; mais ils ont, à un plus haut degré que les autres espèces traçantes ou non, la propriété de développer, soit de leur greffe, soit de leur collet, des rameaux vigoureux, qui, attirant à eux toute la sève, épuiseraient bientôt les branches voisines, si on n'y portait remède, et même plus tard entraîneraient leur perte.

Il est donc prudent, non de supprimer ces gourmands, mais de les tailler à quelques yeux, afin d'obliger la sève à une plus égale répartition de ses sucs. Généralement, pour la taille de tous les rosiers, il est un précepte important qu'il ne faut jamais perdre de vue, c'est que le renouvellement naturel de ces rameaux partans de la greffe ou du pied est une nécessité de leur existence, et que leur suppression arrête le mouvement de la sève et interrompt leur végétation. Quand on est forcé de tailler ou de rapprocher des branches un peu fortes, ce qui arrive souvent aux bengales et aux noisettes, il faut fermer les plaies avec de la composition à greffer.

Autant par propreté que pour éviter les vers, il est bon de placer ses poteries sur des planches, des briques ou des dalles, ce moyen offre encore l'avantage de les changer de place facilement. Une attention importante est de ne pas les laisser manquer d'eau pendant les grandes chaleurs; quand on a d'ailleurs un certain nombre de poteries, on doit avoir, de nécessité absolue, un lieu convenable pour les réunir. Ces plants, jusqu'à l'automne, ne réclament guère que quelques soins de propreté ou la suppression des fleurs passées ou des fruits. S'ils ont été bien dirigés, les fleurs ont dû se succéder sans interruption depuis mai jusqu'en septembre, et présenter, par leur beauté et leurs variétés, un ample dédommagement des soins qui leur ont été prodigués. Vers le 15 septembre, on peut rempoter ceux qui en ont besoin, et donner aux autres une exposition toujours abritée des mauvais vents, mais plus exposée au soleil, quoiqu'à l'abri du levant. Placés à une telle exposition, il ne faut pas les rentrer qu'ils n'aient supporté trois à quatre degrés de froid, ainsi qu'il a déjà été dit, autant pour opérer la destruction des pucerons que pour arrêter leur végétation ; il est bon, même par la première de ces raisons, de couper les sommités non aoûtées de leurs rameaux où les pucerons se tiennent de préférence.

La manière de diriger, l'hiver, les plants de cet âge qui peuvent être considérés comme formés, est tout autre que celle qu'ils avaient exigée l'année précédente. Des raisons tirées de leur faiblesse avaient forcé à ne pas interrompre leur végétation et même à l'accélérer un peu, il faut maintenant agir tout autrement et dans un sens contraire ; ce qui est assez difficile. Le bengale ne s'est pas acclimaté parmi nous, cette vérité est hors de doute, et je l'ai démontrée dans le premier chapitre ; sa végétation ne connaît pas de repos toutes les fois qu'il se trouve placé dans des circonstances favorables à sa nature, et nos serres en offrent toujours la preuve. Nous les voyons, quand ils sont francs de pied, pousser quelquefois des rameaux de 12 à 18 pouces de longueur; mais nous payons, au printemps, cette végétation anticipée: ces mêmes sujets restent alors dans un état de stagnation bien sensible, et la sève ne reprend souvent qu'à l'automne son cours accoutumé. Il serait donc utile de placer les bengales des deuxième et troisième âges dans un lieu où le froid ne pourrait excéder quatre degrés ni la chaleur deux, sauf à ménager un courant d'air pour s'opposer à l'humidité. Il ne serait pas impossible d'obtenir ce résultat en employant des panneaux dont le dessus serait en planches au lieu d'être vitré, qu'on placerait le long des murs au midi ou au levant; il faudrait que ces panneaux fussent disposés de manière qu'on pût donner de l'air sans y laisser pénétrer les rayons du soleil; ils devraient être chargés de paille ou de longue litière, seulement lorsque le froid extérieur s'élèverait à six degrés à la place qu'ils occuperaient. Les pots devraient être enterrés et recouverts de quelques pouces de feuilles sèches, il serait nécessaire de leur donner un bon arrosement quelques jours avant de les rentrer, afin de ne pas être obligé de les arroser de nouveau pendant les trois ou quatre mois qu'ils auraient à passer là. Lors de leur rentrée, la terre devrait être dans un état tel, qu'elle ne fût ni assez sèche pour compromettre leur existence, ni assez humide pour provoquer la végétation. La précaution la plus importante serait la confection des dessus de ces panneaux, qui devrait être telle que l'eau ne pût pénétrer dans les coffres, soit qu'ils fussent ouverts ou fermés. Au printemps, il serait facile d'accoutumer les plants à l'air et au soleil par degrés; il serait même prudent de les tenir, en les sortant, le long d'un mur au couchant. Je réussis, tous les ans, par des moyens analogues, et les plants ainsi traités, ne s'étant pas épuisés par une perte de sève inutile, sont ceux qui offrent toujours, au printemps, la végétation la plus satisfaisante. Peut-être réussirait-on mieux en plaçant ses panneaux au nord; mais je n'ose le conseiller, n'ayant pas encore tenté d'essais à cette exposition. C'est à cette propriété qu'ont les bengales d'être toujours en sève, que nous devons si souvent la perte de tant de sujets pendant l'hiver, et quelquefois la destruction presque totale de nos greffes à œil dormant; le but le plus essentiel à atteindre est donc de s'opposer à leur végétation par tous les moyens que la pratique et l'intelligence peuvent suggérer. Il n'est pas dans l'organisation des bengales que leur sève soit en repos, aussi la voit-on se mettre en mouvement pendant l'hiver même, s'il survient quelques jours de temps doux; mais c'est au printemps surtout qu'ils ont le plus à souffrir des variations de l'atmosphère, l'ascension de la sève vers les extrémités des rameaux les rendant alors bien plus susceptibles de l'action de la gelée.

On pourra m'objecter que quelques bengales et noisettes prospèrent en pleine terre sans le secours de ces soins, à cela je répondrai que de certaines expositions, une suite d'hivers doux, ou la vigueur de quelques variétés, peuvent servir parfois l'imprévoyance de quelques personnes, que j'ai dû les considérer dans les circonstances les plus ordinaires, où le plus grand nombre se trouve généralement placé, et non dans des cas exceptionnels. Un travail de cette nature deviendrait impossible et même fatigant pour le lecteur, s'il fallait entrer dans les détails de ce qui est propre à chaque variété; on peut d'ailleurs consulter les listes suivantes, où je présente ces rosiers sous différens rapports.

CHAPITRE V.

LISTES PRÉSENTANT LES BENGALES ET NOISETTES CLASSÉS SOUS DIFFÉRENS RAPPORTS.

Tant de causes contribuent à faire varier les couleurs des roses, qu'il est impossible de les classer à cet égard d'une manière satisfaisante. Elles varient souvent à un tel point, suivant la température, l'exposition ou la force des plants, qu'il est très difficile de pouvoir déterminer, au moins pour la plupart, quelle est leur véritable couleur. Ces variations ont lieu non seulement d'un pied à un autre dans les mêmes variétés, mais encore de fleur à fleur sur le même individu, et quelquefois encore sur le même pédoncule. Tout le monde sait que la plupart de nos bengales blancs sont parfois roses, et que le vésuve, le camélia, le bengale à fleurs pleines, quoique ordinairement roses, sont souvent pourpres. C'est une conséquence de l'organisation de ces rosiers, dont il nous faut subir les effets; car l'art n'y peut rien. Les bengales sont bien plus variables, sous ce rapport, que les autres espèces, qui ont au moins quelques couleurs fixes; hors les pourpres et quelques variétés à fleurs roses, le plus grand nombre est d'une excessive variabilité; quelques uns même ne peuvent supporter deux heures de soleil sans être décolorés, heureusement que dans ces cas la forme et la fraîcheur de la fleur survivent à la perte de la couleur primitive.

L'année 1829, trop froide et trop pluvieuse pour les bengales, ne m'ayant pas permis d'observer suffisamment un grand nombre de variétés qui sont chez moi aux études, je me suis borné à ne mentionner que ceux portés au *Catalogue* de l'année. J'ai eu soin de mettre en tête des listes les variétés dont les couleurs sont en rapport avec leurs indications; mais, malgré cela, ce travail ne peut être regardé comme étant d'une exactitude rigoureuse. Ces listes seront réimprimées tous les ans avec additions, et rectifiées s'il y a lieu.

LISTE DES BENGALES

CLASSÉS PAR COULEUR.

BLANCS.

Thé Bourbon.
Camélia blanc.
Strombio.
Blanc sarmenteux.
Belle Traversi.
Palavicini.
Talbot.
Unique.
Hardy.
Blanc à feuilles luisantes.
Blanc ancien.

CARNÉS.

Afranie.
Nina.
La Reine de Golconde.
Thé commun.
Gracilis.
Thé Boutelaud.
Le duc de Grammont.
La Nymphe.

ROSES.

Commun.
Idem à bois strié.
Id. à feuilles de saule.
Splendens.
Pompon.
Le Prince de Salerne.

Laurencia simple.
Idem double.
Id. de Chartres.
La Lapone.
Lilliputienne.
La Miniature.
Belle Élise.
Pompon bijou.
Thé rose.
Lord Byron.
Thé Moreau.
Camélia.
Hortensia.
La Charmante.
Catherine II.

ROSE FONCÉ.

Lucile.
Bichon.
Belle Villoresi.
A fleurs pleines.
Thé lilas.
Le Vésuve.
Fatime.
Du Breuil.
Félix.

POURPRE CLAIR.

Cerise.
Bourduge.
Arsénie.

Amiral de Rigny.
Ternaux.
L'Éblouissante.
l'Etna.
La Régulière.
La gloire des Laurencia.

POURPRE FONCÉ.

Faux Thé rouge.
Junon.
Séphora.
Phaéton.
Sanguin.
Mahæca.
Grandval.
Le Duc de Bordeaux.
Vimercati.
Calvertia purpurea.
Pourpre semi-double.

LIE DE VIN ET AMARANTES.

Nini.
Cupidon.
Darius.
La Duchesse de Parme.
Belle de Monza.
Bleu de la Chine.
Ignescens.

CRAMOISIS.

Atro-purpurea.
Belle de Plaisance.

CHAMOIS ET JAUNATRES.

Thé jaunâtre.
Thé aurore.
Idem à filet.
L'Hyménée.

LISTE DES NOISETTES
CLASSÉES PAR COULEUR.

BLANCHES.

Aimée Vibert.
La Vierge.
La Princesse d'Orange.
Blandine.
Blanche double.
Chérence.
La Neige.
Isabelle d'Orléans.
A petites fleurs.
Boule de neige.

CARNÉES ET ROSE TENDRE.

Corali.
Dufresnoi.
La Mignonne.
Émélie Bouchet.
Belle Noisette.
Miss Smithson.
Le Duc de Boufflers.
Belle forme.
Lée.
La Sarmenteuse.
L'Angevine.
Méchin.

ROSE PLUS OU MOINS FONCÉ.

A pétales réfléchis.
Géorgina.
Versicolor.

La Fayette.
Rose double.
Globuleuse.
La Comtesse de Frenel.
La Comtesse d'Orloff.
Lilas double.
Idem à grande fleur.
Ile-de-Bourbon.
Idem double.
Idem crénelée.
A fleurs changeantes.
Rose d'Anjou.
Bougainville.
Malvina.

POURPRES ET CRAMOISIES.

L'Élégante.
Constant de Rebecque.
Rouge vif.
Pourpre simple.
Camélia rouge.
Cramoisie.
Philémon.
Charles X.

CHAMOIS.

Chamois.
Mutabilis.
On peut encore placer dans
cette couleur les deux mus-
cates suivantes :
A cœur jaune.
La Princesse de Nassau.

L'inspection des listes suivantes, où les bengales et noisettes sont présentés sous le rapport de leur plus ou moins de facilité à résister au froid, donne lieu à remarquer, pour les noisettes, qu'elles sont d'autant moins sujettes à la gelée, qu'elles sont plus sarmenteuses, et par conséquent d'une floraison moins franche et moins facile. C'est parmi les variétés qui composent la troisième liste que se trouvent celles qu'il est nécessaire de tailler une ou deux fois pendant la belle saison , afin de provoquer la formation des branches à fleur. Ce sont les plus vigoureuses de toutes ; le froid les endommage cependant, mais ne saurait faire périr un pied de trois ans : à cet âge, la plupart n'ont besoin d'aucun soin particulier. Toutes les noisettes portées sur la première liste et dont presque tous les rameaux sont florifères peuvent être assimilées aux bengales de la troisième liste, et réclament les mêmes attentions pour leur conservation d'hiver. Il est prudent de donner à peu près les mêmes soins aux noisettes, formant la deuxième liste.

LISTE DES BENGALES ET NOISETTES

CLASSÉS PAR DEGRÉ DE DÉLICATESSE.

PREMIER DEGRÉ,

COMPRENANT LES PLUS DÉLICATS.

Laurencia simple.
Idem double.
Idem de Chartres.
La Lapone.
Lilliputienne.
La Miniature.
La gloire des Laurencia, et toutes les variétés de cette section.
Pompon bijou.
Bourduge.
Unique.
Pourpre semi-double.
Blanc sarmenteux.
Faux Thé rouge.
Thé jaunâtre.
Bleu de la Chine.
Cupidon.
Hardy.
Strombio.
Vimercati.
Thé Bourbon.
Lucile.
Gracilis.
Le duc de Bordeaux.
Calvertia purpurea.
Thé aurore.
Mahæca.

Le prince de Salerne.
Séphora.
Fatime.
Camélia blanc.
Talbot.
Thé à filet.
Ignescens.

DEUXIÈME DEGRÉ,

COMPRENANT CEUX QUI SONT UN PEU MOINS DÉLICATS.

Bichon.
Blanc ancien.
A feuilles de saule.
Cerise.
Sanguin.
Pompon.
Atro-purpurea.
Thé commun.
Idem rose.
La Reine de Golconde.
L'Éblouissante.
Thé lilas.
Thé Moreau.
Ternaux.
Junon.
Félix.
Belle Élise.
Belle Traversi.
Afranie.

Le Duc de Grammont.
La Charmante.
Arsénie.
L'Hyménée.
La Duchesse de la Valliére.
L'amiral de Rigny.
Phaéton.
A bois strié.
Darius.
La Régulière.
Nini.
A feuilles luisantes.
La Nymphe.
Thé Boutelaud.

TROISIÈME DEGRÉ,

COMPRENANT LES MOINS DÉLICATS.

Commun.
A fleurs pleines.
Splendens.
Belle de Monza.
La Duchesse de Parme.
Belle Villoresi.
Belle de Plaisance.
Grandval.
Catherine II.
L'Etna.
Le Vésuve.
Du Breuil.
Lord Byron.
Camélia.
Hortensia.
Nina.

NOISETTES.

PREMIER DEGRÉ.

Pourpre foncé simple.
Blanche double.

Blanche à petites fleurs.
Isabelle d'Orléans.
La Princesse d'Orange.
A pétales réfléchis.
Chérence.
La Neige.
Géorgina.
Aimée Vibert.
Versicolor.
Chamois.
La Vierge.
Emélie Bouchet.
Blandine.

DEUXIÈME DEGRÉ.

Philémon.
La Fayette.
Lilas double.
Idem à grandes fleurs.
Charles X.
Miss Smithson.
Mutabilis.
Le Duc de Boufflers.
L'Élégante.
Belle forme.
Méchin.
Bougainville.
L'Angevine.
Rouge vif.
La Mignonne.
Corali.

TROISIÈME DEGRÉ.

Belle Noisette.
Rose double.
Globuleuse.
Camélia rouge.
La Comtesse de Frenel.
La Comtesse d'Orloff.

Dufresnoi.
Constant de Rebecque.
A fleurs changeantes.
La Sarmenteuse.
Rose d'Anjou.
Boule de neige.

Lée.
Cramoisie.
Ile-de-Bourbon semi-double.
Idem double.
Idem crénelée.
Malvina.

LISTE DES BENGALES

CLASSÉS PAR SECTION

ET TELS QU'ILS SERONT PORTÉS SUR LE CATALOGUE DE 1830.

PREMIÈRE SECTION.

Bengale commun.
Idem à fleurs pleines.
A bois strié.
Camélia.
Le Vésuve.
L'Etna.
Hortensia.
A feuille de saule.
Belle Villoresi.
Splendens.
Blanc ancien.
Lord Byron.
Belle Élise.
Pivoine.
Grandval.
Pompon.
Belle de Monza.
Belle de Plaisance.
A feuilles luisantes.
Du Breuil.

DEUXIÈME SECTION.

Pourpre semi-double.
Bourduge.
Bichon.
Cerise.
Sanguin.
Atro-purpurea.
Junon.
Séphora.
Mahæca.
L'Éblouissante.
Ternaux.
Lucile.
Le Duc de Bordeaux.
Fatime.
Nini.
Arsénie.
Phacton.
Calvertia purpurea.
La Charmante.
Cupidon.

Blanc sarmenteux.
Unique.
Hardy.
Vimercati.
Faux thé rouge.
Ignescens.
Bleu de la Chine.
La Régulière.
La Duchesse de Parme.
L'amiral de Rigny.
Félix.
Darius.
Gracilis.

TROISIÈME SECTION.

Thé commun.
Idem jaunâtre.
Idem rose.
La Reine de Golconde.
La Nymphe.
Le Duc de Grammont.
Catherine II.
Thé Boutelaud.

Thé Bourbon.
Belle Traversi.
Le Prince de Salerne.
Thé aurore.
Thé à filet.
L'Hyménée.
Nina.
Thé Moreau.
Thé lilas.
Afranie.
Camélia blanc.
Strombio.

QUATRIÈME SECTION.

Laurencia simple.
Idem de Chartres.
La Lapone.
Lilliputienne.
La Miniature.
La Mouche.
La gloire des Laurencia.
Laurencia double.
Pompon bijou.

Toutes les variétés de bengales, noisettes et muscates sont cultivées en pots et peuvent être expédiées en toute saison. On fera, comme sur les roses de pleine terre, un rabais d'un tiers aux personnes qui laisseraient toute latitude sur le choix.

Les personnes avec lesquelles j'entretiens des relations suivies recevront tous les ans, comme d'usage, le *Catalogue* ainsi que les cahiers qui paraîtront, moyennant la faible somme d'un franc, dont je chargerai leur compte. Cette modique somme est destinée à couvrir les frais d'impression, timbre et affranchissement en France ou à l'étranger. Ces frais indispensables et les dépenses du nouveau *Catalogue*, qui donnera les couleurs et le diamètre des fleurs, me forcent à la rigoureuse exécution de cette mesure. Les catalogues et cahiers ne seront envoyés, à l'avenir, qu'à ceux de mes correspondans qui m'auront fait connaître, par écrit et sans frais, leur intention à ce sujet. Quant aux autres personnes avec lesquelles je n'ai point de relations, c'est à madame Huzard, rue de l'Éperon, n°. 7, qu'elles doivent s'adresser, et non à moi; je ne pourrais que leur indiquer son adresse.

IMPRIMERIE

DE MADAME HUZARD (NÉE VALLAT LA CHAPELLE),
rue de l'Éperon, n°. 7.

ESSAI
SUR LES ROSES.

QUATRIÈME LIVRAISON.

DES INCONVÉNIENS

DE LA

GREFFE DU ROSIER SUR L'ÉGLANTIER,

ET

DES MODIFICATIONS QU'ELLE NÉCESSITE.

CHAPITRE PREMIER.

De l'Églantier. — Raisons qui s'opposent à la réduction de son usage.

PAR suite de l'extension donnée depuis plus de quinze ans à la culture du rosier, il est résulté l'emploi d'une immense quantité d'églantiers, comme sujets propres à recevoir la greffe. Le nombre de ce qui en a été planté aux environs de Paris seulement présenterait un total effrayant s'il était possible de le connaître au juste, pour ma part j'en ai planté plus de cent cinquante mille. Les cantons qui les ont fournis ont été successivement épuisés, et aujourd'hui les grandes provisions nous viennent de plus de 25 lieues, la Bourgogne et la Champagne en envoient même par eau. On croirait peut-être, d'après cela, que les églantiers greffés de taille ordinaire (3 à 4 pieds) sont très communs; au contraire, ils sont fort rares et, depuis plusieurs années, ni moi ni beaucoup d'autres marchands n'ont pu servir leurs demandes dans ces tailles. Plusieurs causes peuvent être assignées à cette rareté, et ce sont ces diverses causes que je me propose d'examiner dans ce cahier. Il ne me sera pas difficile de démontrer combien est grand l'abus de l'églantier, considéré comme sujet destiné à nos multiplications.

Les églantiers, tels qu'on nous les apporte des bois, ont d'autant moins de racines que leur taille est plus élevée et leur tige plus forte. Au delà d'un certain âge, leurs racines s'éloignent, souvent même à de grandes distances : ceux qui les lèvent dans les bois ne se donnent pas la peine de les suivre, ils ont bien plus tôt fait de donner leur coup de pioche au pied. En effet, sur un cent de grands églantiers pris au hasard, on n'en trouve pas vingt-cinq de bien enracinés : trop heureux encore s'ils ne sont pas restés exposés au hâle ou à la gelée! Les petits réussissent mieux par la raison que ce sont généralement des semences de deux à quatre ans, dont les racines n'ont pas encore eu le temps de s'éloigner beaucoup. Il ne faut donc pas s'étonner que des églantiers aussi mal levés et aussi mal soignés périssent, en grande partie, avant d'avoir donné signe de vie ; pour les grandes tailles dont je parle, il n'est pas rare d'en voir les trois quarts périr avant l'été, surtout si l'hiver a été rude et le printemps sec. De tous ceux plantés chez moi, comme ailleurs, pendant l'hiver de 1828 à 1829, on n'a pas sauvé un quart : j'ai vu cela arriver plusieurs fois, et je suis bien certain qu'année courante, nos pertes peuvent s'élever à moitié. Ce dernier hiver surtout sera mémorable par ses effets désastreux, et au moment ou j'écris (15 février) il y a peut-être cent mille églantiers dans les lieux d'où nous les tirons, mis en jauge par bottes de vingt-cinq ou cinquante, recouverts d'un peu de terre ou de feuilles, ou rentrés dans des caves, qui vont nous arriver au dégel, et qui, depuis deux mois et demi, ont supporté jusqu'à quinze degrés de froid, ou les effets non moins préjudiciables d'une chaleur humide qui les énerve. Ces églantiers seront néanmoins vendus et plantés ; car il n'est pas facile de reconnaître, avant le mouvement de la sève, jusqu'à quel point ils ont pu souffrir : c'est ordinairement le mois d'avril qui

12.

en donne la mesure. Tous ces grands églantiers ne proviennent d'ailleurs que de la sépara-
tion des vieux pieds : le but, l'intérêt de ceux qui
les lèvent sont d'obtenir de belles tiges; elles sont
donc toujours conservées au préjudice des racines,
dont l'ouvrier s'occupe fort peu. Ces églantiers,
tels que nous les recevons, ne sont donc déjà que
des sujets mutilés, qu'il serait nécessaire de cultiver avec de très grands soins, afin de rétablir l'é-
quilibre entre leur tige et leurs racines, chose
qui n'existe presque jamais quand on nous les apporte. La manière dont nous les traitons, afin de
les rendre propres à nos vues ultérieures, est de
suite en opposition avec leur nature : au lieu de
provoquer le développement ou l'extension de leurs
racines en ménageant leurs rameaux, nous ne
cessons de les ébourgeonner et de les mutiler jusqu'au moment où ils sont vendus. Leur dépérissement ou leur mort est une conséquence forcée
et inévitable, d'abord de la mauvaise direction
que nous leur donnons en voulant les élever à tige,
c'est à quoi la nature se refuse, ensuite de cette
manie de vouloir tout y greffer indistinctement,
comme si l'églantier avait reçu de la nature la
propriété particulière de s'allier avec tant de rosiers si différens de caractères, dont beaucoup
n'ont aucune analogie entre eux et qui n'ont pas

été créés pour nos climats. Une immense quantité d'églantiers a passé par mes mains ou sous
mes yeux : j'ai fait sur ce rosier, pendant un grand
nombre d'années, des expériences aussi nombreuses que variées; je crois connaître assez bien son essence, et j'ose affirmer qu'il ne convient réellement bien qu'à un nombre assez borné de nos variétés de roses.

L'églantier n'a pas reçu de la nature une organisation qui le rende propre à être élevé à tige,
les bourgeons nombreux qui sortent de son pied
en seraient, au besoin, une indication suffisante.
Dans l'état de nature, jamais ses rameaux ne conservent une position verticale et ne sauraient former
une tige; une fois aoûtés, ils ont acquis leur dernier degré d'extension et souvent de grosseur : ils
deviennent alors branches à fleurs, et encore
n'ont-ils, dans cet état, qu'une existence bornée à
peu d'années. De tous les rosiers que nous avons
soumis aux lois de la culture, c'est peut-être le plus
intraitable ; et lorsque tant de plants délicats suc-
combent souvent malgré nos soins, l'églantier au
contraire paie de sa vie les efforts de notre inutile industrie, sa grande vigueur le fait périr entre
nos mains. A ne considérer que les rosiers, qui
sont, en général, l'objet du commerce, je ne
balance pas à déclarer que de tous ceux qui peu-

vent être traités comme sujets propres à recevoir la greffe, l'églantier est le plus mauvais. Il en est plusieurs autres qui pourraient le remplacer avec avantage ; mais comme l'éducation de ces plants serait plus longue ou plus dispendieuse, l'intérêt personnel s'oppose à leur multiplication. J'avoue bien qu'il serait difficile de remplacer l'églantier pour le commerce sous le rapport de l'élévation de sa tige ; mais où est donc la nécessité de porter nos roses sur des tiges de 3 à 4 pieds, puisque l'évidence en démontre tous les jours les inconvéniens? En seraient-elles moins jolies ou moins faciles à soigner si elles étaient greffées sur des sujets moins élevés, mais d'espèces appropriées qui en assureraient la durée, si mieux n'était encore de les cultiver franches de pied?

Il est temps que le public sache à quelle cause on doit attribuer la perte fréquente des sujets greffés sur églantiers, dont trop souvent on rend injustement responsable le marchand qui les a livrés. J'appuierai mon opinion sur tant de preuves, je la mettrai tellement à la portée de toutes les intelligences, je citerai des faits si exacts et si fréquens, que j'espère bien ne laisser aucun doute dans l'esprit de ceux qui voudront se donner la peine de voir et de réfléchir.

Je sens qu'une objection me sera faite et j'y dois

répondre d'avance. On me dira sans doute que mes connaissances sur cette matière ne sont pas récentes, que mon travail prouve que, depuis bien des années, j'ai reconnu les graves inconvéniens de la greffe sur églantier, telle qu'elle se pratique généralement, et que néanmoins j'ai continué d'en faire usage. On pourra me dire encore que, puisque je connaissais les moyens propres à atténuer les mauvais effets de cette greffe ou ceux plus utiles encore de la remplacer, j'aurais dû en faire usage ou tout au moins les indiquer plus tôt : à cela voici ma réponse.

Un homme qui cultive par état est nécessairement dépendant du public; ce qui l'oblige, d'une part, à se conformer à ses goûts, quelque mauvais qu'ils puissent être, et, de l'autre, à suivre, dans beaucoup d'occasions, les pratiques de culture généralement adoptées dans sa localité. Toutes les personnes qui ont quelques connaissances en culture et les pépiniéristes eux-mêmes savent très bien qu'il serait possible d'apporter quelques perfectionnemens à la conduite des pépinières ; mais ils savent aussi que souvent l'adoption d'un mode de culture préférable, mais plus dispendieux, ne peut être mis en usage, parce que celui qui, le premier, le pratiquerait serait forcé de sacrifier ses intérêts ; car son exemple ne serait pas suivi, et le public, en général, ne voudrait pas lui tenir compte d'améliorations entreprises même dans ses intérêts. Parmi beaucoup d'exemples que je pourrais citer à l'appui de cette vérité, je me bornerai à un seul.

L'espace que l'on donne aux plants dans les pépinières aux environs de Paris, et, je crois, partout, est trop borné ; lorsque le moment de la vente de ces plants est arrivé, on est forcé , pour les lever, de mutiler leurs racines à un tel point , que souvent la moitié ou les deux tiers demeurent en terre ; on peut même croire que le marchand ayant plus d'intérêt à la conservation des plants qui restent qu'à celle de ceux qui partent, cette raison peut encore influer sur la manière dont ces derniers sont levés. Personne ne sait mieux que les pépiniéristes combien cette mauvaise manière de planter est préjudiciable aux intérêts des acquéreurs ; mais en donnant l'espace nécessaire aux plants , il faudrait les vendre quelques sous de plus, et comme le plus grand nombre de ceux qui achètent ne voient leurs arbres que quand ils sont plantés , ou n'ont pas de connaissances suffisantes pour apprécier cette amélioration, on refuserait de leur en tenir compte. D'ailleurs, pour la plus grande partie de ceux qui achètent , un arbre est un arbre , un rosier, un rosier ; et les prix d'un *Catalogue,* qui ne peut déterminer ni l'âge ni la force, ni la quotité des plants, devient souvent seul la base de leur décision. Un de nos plus estimables cultivateurs, frappé des graves inconvéniens de ce défaut d'espace, ayant voulu y remédier chez lui, fut forcé, après plusieurs années, de revenir à la routine ordinaire, parce que le public, au moins en général, objectant les prix des autres pépiniéristes, refusa de l'indemniser du terrain qu'il perdait. En culture d'agrément, très souvent celui qui cultive le mieux est celui qui gagne le moins. Il n'y a peut-être rien de plus nuisible à la culture, comme aux intérêts des propriétaires, que cette parcimonie de quelques sous pour des arbres dont l'existence s'étend souvent à plus d'un siècle. A partir de l'automne de 1831, aucun pied greffé de bengale et noisette ne sortira de chez moi qu'il ne l'ait été sur des sujets convenables et à feuilles persistantes : croit-on que le public me tiendra compte de cette amélioration ? Point du tout : il est même assez probable que mes intérêts en souffriront ; car partout ailleurs on ne cessera pas de greffer sur églantier et les neuf dixièmes de ceux qui achètent sont incapables d'apprécier les résultats auxquels donnera lieu plus tard la greffe sur ces différens sujets. Je prends l'engagement, dans ce cahier, de démontrer jusqu'à l'évidence que les moyens que nous employons pour la multiplication des rosiers par la greffe sont vicieux sous tous les rapports, et que jusqu'à présent on a greffé le rosier plutôt pour le vendre que pour le propager. Au surplus, je ne me dissimule pas combien il est difficile de déraciner d'anciennes habitudes que l'intérêt particulier peut porter à défendre contre les leçons d'une expérience journalière. J'aurais pu traiter ce sujet dix ans plus tôt; mais alors le nombre des amateurs n'était pas assez considérable pour espérer quelque succès d'une telle publication, peut-être même encore aujourd'hui le moment n'est-il pas suffisamment opportun. Il sera possible que quelques amateurs qui raisonnent profitent de mes avis; mais la plus grande partie des personnes qui ont des jardins et des rosiers greffés, les voyant périr, continueront à s'en prendre aux marchands : quant aux cultivateurs, ils ne pourront pas abandonner leur mauvaise méthode de greffer indistinctement tous les rosiers sur églantiers, par la raison qu'une telle réforme, pour ne pas être nuisible aux intérêts de ceux qui la tenteraient d'abord, devrait avoir lieu partout à la fois, et que la chose est impossible.

Il ne s'agit donc pas seulement de connaître la nature et l'importance des améliorations que réclame l'état de quelques cultures, il faut encore que la portion de la société à laquelle ces produits sont destinés soit assez éclairée pour juger par elle-même de l'utilité, de la nécessité même de ces perfectionnemens ; il faut surtout qu'un calcul d'intérêt poussé à l'excès ne vienne pas entraver la marche graduelle des connaissances. L'horticulture particulièrement, qui nécessite souvent des expériences ou des recherches longues ou dispendieuses, qui exige des soins infinis pour la conservation des végétaux exotiques ou précieux, dont les efforts tendent toujours à améliorer, à créer même, enfin dont le but est constamment d'agrandir le cercle de nos jouissances, a besoin d'être traitée avec un peu de libéralité ou au moins sans parcimonie. Nous avons fait, depuis quelques années, un grand pas du bien vers le mieux; mais ce ne sera réellement que lorsque la diffusion des connaissances sera parvenue à son plus haut degré, que nous pourrons nous flatter de faire disparaître entièrement quelques pratiques vicieuses qui s'opposent encore aux progrès de l'horticulture.

CHAPITRE II.

De l'Églantier greffé. — Causes et preuves du mauvais succès des greffes. — De la greffe à la pousse. — Ses effets meurtriers.

En élevant l'églantier sur une tige unique, nous forçons déjà sa nature, et quelques succès dont nous nous contentons et que nous obtenons dans de certains cas assez rares, ne prouvent rien contre cette vérité. Pour bien connaître l'églantier, ce n'est pas dans nos jardins qu'il le faut étudier : là, nous l'avons soumis à une culture qui est le résultat du calcul de nos intérêts, mais qui est tout à fait en opposition avec ses inclinations naturelles. C'est dans les bois, dans les lieux retirés où, livré aux seuls soins de la nature, il développe sans contrainte les facultés qui lui sont propres, qu'il faut étudier son essence, son organisation, et apprendre le parti qu'on peut tirer de sa grande vigueur et plus encore ce qu'il y a à en redouter.

Afin de mieux faire connaître son organisation, je vais le prendre à sa naissance. Si on sème quelques graines d'églantier dans un terrain bien préparé et assez éloignées pour que les jeunes plants puissent parvenir librement, avant l'hiver, au plus grand point de leur végétation, on remarquera que six semaines environ après leur naissance, il se développera à leur collet un nouveau bourgeon, qui, en moins d'un mois, acquerra trois ou quatre fois plus de force et de longueur que le bourgeon primitif, qui alors cesse de profiter. Si rien ne contrarie la végétation de ces plants, vers le mois d'août le second rameau s'aoûtera et un troisième bourgeon plus vigoureux sortira de même du collet; vers cette époque, le premier bourgeon périt ou n'est plus d'aucune utilité au jeune plant. Ceci est commun à tous les rosiers de semence quelconque, et je ne cite cette circonstance que pour établir la nécessité de la conservation de ces jeunes et derniers rameaux ; seulement, lorsque les plants sont semés très près, comme c'est l'usage, ce renouvellement n'a pas lieu ou n'a lieu qu'une fois. Si, l'année suivante, on suit ces plants d'églantiers avec autant d'attention, la même chose se reproduira, les rameaux augmentant toujours de force et de longueur. Ce que la nature a fait pour les jeunes plants de semence, elle le fait dans les bois pour les sujets de tout âge, avec cette différence qu'au lieu d'un rameau elle en fait alors naître plusieurs. Si on examine ensuite avec soin les rameaux des années précédentes, on verra que les plus anciens ont terminé leur carrière, et que les autres, maigres et rabougris, sont chargés d'un grand nombre de petites branches à fleurs. L'inspection, le soulèvement de leur écorce et leur adhérence avec le bois démontrent l'absence de la sève ; dans les nouveaux rameaux au contraire, l'écorce est lisse, épaisse, et la sève y afflue avec une telle abondance, qu'étant coupés, ils coulent comme ceux de la vigne. La même chose a lieu tous les ans à l'égard des églantiers, seulement les effets sont plus ou moins sensibles en raison de leur âge, de leur exposition, du sol qui les nourrit, mais surtout de l'humidité. Ce sont les productions continuelles de ces nouveaux bourgeons qui surgissent presque toujours du pied, qui occasionent aux collets des plants ces souches dont la grosseur est quelquefois étonnante : on m'en apporta une un jour qui pesait plus de 5o livres, dont la superficie avait plus d'un pied, et présentait les traces de plus de quarante rameaux. Ce renouvellement continuel et successif des rameaux de l'églantier est donc un besoin de sa nature, une condition même de son existence qu'il n'est pas en notre pouvoir de changer, dont nous sommes forcés de subir les conséquences, et dont nous ne pouvons tout au plus que modifier les effets. Tel est l'églantier des bois ou des lieux incultes, enfant de la nature et livré à lui-même, devant sa grande vigueur à la reproduction continuelle de ses rameaux, et pouvant vivre sans culture au delà d'un demi-siècle, si rien ne vient troubler sa végétation.

Transporté dans nos jardins, nous commençons à le condamner à nourrir une tige unique, et pour cet effet nous supprimons avec soin tous les bourgeons qui naissent au pied ou qui se montrent sur sa tige jusqu'à une certaine hauteur. On aurait tort de croire que les deux ou trois rameaux que l'on conserve généralement au haut de la tige profitent beaucoup des suppressions constantes que l'on est forcé de faire pendant toute la belle saison : il n'en est pas ainsi, ces rameaux n'en profitent que dans une faible proportion, qui n'équivaut tout au plus qu'au quart ou au sixième. Les personnes qui auraient quelque doute à ce sujet peuvent répéter l'expérience suivante que j'ai faite plus d'une fois. Choisissez à l'automne douze églantiers d'égales force et hauteur, du même âge et pareillement enracinés ; plantez-les dans la même terre à 3 pieds de distance et donnez-leur les mêmes soins. Au printemps, conduisez-en six comme on fait ordinairement pour recevoir la greffe, et abandonnez les autres aux seuls soins de la nature, en ne faisant aucune suppression. A l'automne, la différence sera déjà sensible, ceux sur lesquels on n'aura rien supprimé seront plus gros que les autres, les rameaux du haut seront à peu près aussi forts ; et si on taille tous les rameaux de ces sujets également, on trouvera que le poids du bois provenant des six non ébourgeonnés est plus du double que celui des autres. A la deuxième année, les effets seront bien plus frappans : ceux ébourgeonnés n'auront augmenté en grosseur que d'un tiers ou d'un quart, les autres auront plus que doublé de force, et leur production en bois aura quadruplé. Déplantez ensuite ces églantiers avec soin, et la même différence se présentera pour les racines ; ce qui est tout naturel. Si on veut suivre cette expérience au delà de deux ans, on obtiendra des résultats bien autrement sensibles et d'un grand intérêt, qui tendent tous à prouver combien l'églantier se trouve mal de toutes nos tailles répétées et de la gêne que nous lui imposons.

L'expérience démontre jusqu'à l'évidence que, par le seul fait que nous forçons l'églantier à ne vivre que sur une seule tige, nous nous opposons à son accroissement, en entravant la marche de la végétation qui est propre à sa nature. Que sera-ce donc lorsque j'aurai établi que, par le moyen des sortes de roses que nous le forçons à nourrir, et qui n'ont aucune analogie avec lui, nous augmentons à un tel point cet état de contrainte et de dépérissement, qu'au bout d'un certain laps de temps presque tous ont succombé? Vainement nous avons voulu plier cet arbuste à nos goûts ou l'asservir à nos intérêts, sa nature s'y refuse et l'on peut affirmer que sur mille églantiers qui périssent, huit cents ont cessé d'exister par cela seul qu'ils ont été greffés. Quelques sortes de roses très vigoureuses, et qui par cette raison ont quelque analogie avec l'églantier, y réussissent assez bien. Il existe encore aujourd'hui des sujets qui ont plus de trente ans de greffe, mais le nombre en est fort rare, toutes ces espèces voraces capables de prolonger sa durée n'étant pas des roses d'amateurs. Encore, pour déterminer le degré d'analogie que ces rosiers ont avec lui, serait-il nécessaire de connaître ce que serait un églantier de cet âge dont la végétation n'aurait pas été contrariée, et nous n'avons, dans ce cas, aucun point de comparaison. Dans nos haies, dans nos bois, partout où se trouve l'églantier, les besoins de la culture ou l'incommodité de ses rameaux nous ont forcé à opérer sur lui des mutilations tellement répétées, que nous ignorons quel accroissement il peut obtenir. Le plus gros que j'aie vu avait trois pouces de diamètre, il était placé dans une haie, dont il partageait le sort depuis plus de cinquante ans. Nous possédons maintenant des rosiers beaucoup plus vigoureux qu'il y a trente ans, et il ne serait pas difficile de faire parvenir un églantier à 2 pouces de diamètre en quatre à six ans, en le greffant avec quelques sortes très vigoureuses, telles que quelques hybrides, *sempervirens* : j'ai vu souvent ces rosiers faire doubler de force, tous les ans, les sujets sur lesquels on les avait greffés. Quand on est un peu versé dans la physiologie de ce genre d'arbustes, on peut déterminer d'une manière assez précise la durée de l'existence de telle ou telle sorte : toutes les exceptions que l'on pourrait citer en faveur de la greffe sur l'églantier n'auraient de mérite que pour ceux qui font une étude particulière des rosiers, car presque toutes les sortes de roses qu'il conviendrait d'y placer n'auraient aucun avantage pour le commerce.

Les églantiers que nous cultivons, surtout dans les tailles élevées, sont déjà, comme on voit, dans un état de dégénération : on devrait donc, afin de moins augmenter cet état, ne greffer dessus que des sortes très vigoureuses, que l'expérience a démontré pouvoir y vivre un certain nombre d'années ; au contraire, on y greffe toutes les sortes indistinctement : de là résultent la langueur qui se remarque dans un grand nombre, et les pertes fréquentes qui ont lieu tous les ans. Si on veut se convaincre combien on nuit à la végétation des églantiers en les greffant avec toutes sortes de roses sans discernement, on peut faire quelques expériences analogues à celle dont j'ai parlé plus haut, et on sera bientôt convaincu que la greffe d'un très grand nombre de roses qui, par leur nature ou leur délicatesse, ne conviennent pas à l'églantier, a pour résultat :

1°. De fixer la force du sujet au point où il se trouve au moment où, supprimant les rameaux, on force le sujet à vivre sur sa greffe ;

2°. De s'opposer au développement ou à l'extension des racines, les rameaux produits par la greffe ne présentant jamais, à beaucoup près, le nombre, la force et l'étendue de ceux qu'il eût produits naturellement si on ne l'eût pas greffé ;

3°. De provoquer le rétrécissement des canaux destinés au passage de la sève, autant par la suppression continuelle et obligée des bourgeons qui naissent du pied ou sur le corps, que par la faiblesse des productions des greffes.

C'est à la réunion de ces causes, qui se lient l'une à l'autre, qu'il faut attribuer le peu de succès de la grande majorité des greffes sur églantier ; l'excès de vigueur chez lui et le défaut contraire dans les autres sont toujours ce qui les ruine. Il ne faut qu'un peu d'attention et de bon sens, pour voir que des rosiers qui n'ont que le quart, quelquefois même que la dixième ou vingtième partie de la vigueur de l'églantier ne peuvent s'allier avec lui, et qu'infailliblement, tôt ou tard ils doivent faire périr les sujets sur lesquels ils sont greffés. En fait de greffe quelconque, l'analogie entre le sujet et la greffe est une condition indispensable pour bien réussir; en greffant les églantiers comme on fait d'usage, on viole ce précepte de la manière la moins équivoque. Ce n'est pas assez d'avoir contrarié sa nature en le forçant à vivre sur une seule tige, ce qui déjà diminue sa vigueur de plus de moitié, on veut encore le forcer à adopter toutes les espèces sans distinction, et sans avoir égard ni à leur degré de vigueur, ni à l'analogie de leurs sucs respectifs, ni aux climats dont ils sont originaires, ni à la différence de leurs organes. Pour agir avec conséquence à l'égard des églantiers que l'on élève à tige, il faudrait les greffer avec des sortes de roses douées d'une vigueur égale à celle, non de l'églantier dans son état primitif, mais au moins à celle qu'on lui laisse quand on exige de lui qu'il forme une tige. Abstraction faite de sa trop grande vigueur, il y aurait encore à considérer si l'églantier peut s'accommoder de toutes nos roses indistinctement; la pratique démontre le contraire, il refuse la greffe des roses de Banck. Un certain nombre de variétés ont si peu de rapports avec lui, que les trois quarts des yeux qu'on y pose ne prennent pas, témoin le pompon Bazard, Miss Lawrence, et quelques autres; d'autres sortes, quoique poussant assez bien, y adhèrent mal et se décollent facilement. On sait encore par expérience que toutes les variétés d'églantiers dont les feuilles froissées exhalent une odeur forte sont d'assez mauvais sujets pour recevoir la greffe, qui y manque très souvent.

Afin d'atteindre le but qu'on se propose de former des rosiers à tige, on est forcé de supprimer tous les bourgeons qui partent du pied ou du corps des sujets; ces suppressions sont nécessaires pour la conservation et l'accroissement de la greffe; mais ici tout ce qui est utile, indispensable même dans son intérêt est justement ce qui tend à la destruction du sujet. L'églantier, tel que la nature nous le montre, est un arbuste ennemi de la contrainte, qui aime à développer de son pied des rameaux nombreux et vigoureux; ces rameaux sont même une nécessité de sa nature, un besoin de son organisation : cela est si bien vrai, qu'en courbant un de ces rameaux afin d'en accélérer l'aoûtement, on provoque la naissance de nouveaux bourgeons. Greffé, il ne perd pas pour cela les qualités propres à son essence, il donne naissance à d'autant plus de bourgeons, que l'espèce qu'on le force à nourrir est plus délicate. Les suppressions fréquentes qu'on lui fait subir entravent bientôt chez lui le mouvement de la sève, qui, au lieu de circuler librement dans des canaux ouverts et spacieux, est forcée de monter par la tige dans des conduits rétrécis, qui s'oblitèrent de jour en jour davantage. Les racines, arrêtées dans leur accroissement, d'un côté par la suppression des bourgeons, et de l'autre par les faibles productions de la greffe, viennent encore augmenter ces causes de dépérissement jusqu'au moment où, épuisé par tant d'efforts inutiles, l'églantier périt après avoir langui assez souvent un an ou deux. L'églantier est cependant doué d'une grande force vitale, et ne périrait presque jamais si on ne contrariait pas ses inclinations naturelles : aussi voyons-nous, lorsque nous arrachons ceux dont les tiges ont péri, que les pieds en sont vivans; mais l'importance que nous attachons à ces tiges nous fait regarder ces pieds comme inutiles, il serait en effet trop long et trop dispendieux d'en attendre de nouvelles tiges. L'églantier peut résister à une suite de mauvais traitemens que ne supporteraient pas beaucoup d'autres arbustes ; il prend très bien d'éclats et assez bien de boutures , surtout en terrain frais. Il ne faut pas se tromper sur la cause des pertes considérables qui ont lieu dans de certaines années , elles sont dues en grande partie à la manie que nous avons d'élever à tige un arbuste sarmenteux; ces tiges d'ailleurs, nées la plupart dans les bois, n'ont pas encore suffisamment reçu les influences de l'air et du soleil quand on les arrache , et il en résulte que nous les plantons souvent avant qu'elles ne soient parfaitement aoûtées , aussi gèlent-elles quelquefois en tout ou en partie. Les églantiers qu'on nous apporte sont généralement verdâtres , quelque temps après leur plantation ils deviennent d'un rouge brun. Si le froid ne survient que cinq à six semaines après leur mise en terre , il est peu dangereux pour eux ; mais si au contraire il suit la plantation , les dangers deviennent beaucoup plus grands ; néanmoins, dans ces différens cas, le pied survit presque toujours à la tige.

Lorsque les églantiers ont été greffés à œil dormant, on est forcé, au printemps suivant, de supprimer les rameaux, afin de déterminer la pousse des greffes; des bourgeons vigoureux percent alors de tous côtés ; mais comme les sujets doivent être sacrifiés aux greffes, on s'empresse de les faire disparaître. Alors tel églantier qui, dans son état naturel, aurait pu avoir huit ou dix rameaux garnis de plus de deux cents yeux, n'en offre plus, étant greffé, que deux ou trois au plus, qui sont les seuls passages ouverts à la sève. Un tel état de choses doit nécessairement troubler la végétation et causer dans le travail des racines un dérangement considérable, qui doit influer beaucoup sur la vigueur des bourgeons que la greffe doit produire, d'autant plus que cet état ne peut qu'empirer. Malgré cela, l'églantier est doué de tant de force vitale qu'un certain nombre greffé à œil dormant présente encore, l'année suivante, une assez belle végétation, dont on peut être satisfait quand on ne connaît pas son organisation. Cette végétation, en effet, est toujours trompeuse; car elle ne représente pas celle qu'on aurait obtenue d'un églantier en tout point pareil, qui n'aurait pas été greffé : ainsi donc de deux sujets du même âge, d'égales force et espèce, traités par des procédés pareils, dont un seul serait greffé avec une sorte de rose qui convienne autant que possible à l'églantier, telle qu'une rose de Provence vigoureuse, on trouvera qu'à l'automne celui qui n'aura pas été greffé aura produit deux ou trois fois autant de bois que celui qui l'aurait été; ce qui prouve que la végétation de l'églantier est déjà altérée. Mais si, au lieu de prendre pour greffer une sorte vigoureuse, on emploie, au contraire, une variété délicate, on finira, après quelques années, par n'obtenir que des rameaux de quelques pouces de longueur, qui ne représenteront pas la centième partie de ceux produits par l'églantier qui n'aura pas été greffé.

Ce ne sont pas ici des raisonnemens spécieux que je présente à l'appui de mon opinion ; ce sont des faits positifs que chacun peut vérifier et qui tous les jours s'offrent à nos yeux ; il ne faut, pour être convaincu, qu'observer et réfléchir. J'ai beaucoup étudié l'églantier ainsi que les sujets propres à recevoir la greffe. En 1814 et 1815, j'ai soumis plus de mille sujets à des expériences, dont plusieurs m'ont coûté deux et trois ans d'observations. Peu de personnes, aucune peut-être, n'ont sacrifié autant de temps que moi à cette étude, et il n'est aucune objection que je ne pusse résoudre avec des faits. Combien de sujets greffés périssent tous les ans, dont la véritable cause est encore inconnue à ceux qui les cultivent! Que les amateurs qui font depuis long-temps quelques dépenses pour ce beau genre me disent ce que sont devenus les églantiers greffés qu'ils se sont procurés depuis dix ans. Je n'exagère pas en portant le nombre de ceux qui sont morts depuis cette époque aux quatre cinquièmes, je crois même ce nombre plus considérable encore. Les causes d'une aussi effrayante mortalité sont sans doute connues de quelques personnes ; mais le plus grand nombre les ignore, je n'en veux pour preuve que la dissidence des opinions à cet égard. Les uns prétendent qu'il faut attribuer la langueur ou la mort de leurs sujets à des églantiers trop jeunes ou trop vieux, d'autres s'en prennent à la couleur ; l'un ne veut que des églantiers gris, un autre préfère ceux qui sont verts, un troisième soutient que les rouges sont préférables ; jamais on n'accuse le défaut d'analogie, on ne s'arrête qu'aux signes extérieurs. On paraît croire que la couleur de l'écorce indique une variété, tandis que c'est toujours la même ; leur couleur est déterminée par l'action de l'air et du soleil quand ils sont jeunes, ils deviennent gris en vieillissant : l'âge au surplus ne fait rien pour leur reprise, et je planterais impunément un églantier de vingt ans, pourvu qu'il eût de jeune bois. Les églantiers ne périssent pas à cause de ces raisons, mais par suite des lois de la nature, qui veut qu'il y ait accord, analogie, convenance, toutes les fois qu'il doit y avoir alliance. Nous avons tiré nos rosiers des quatre parties du monde ; créés pour ces différens climats, ils sont arrivés au milieu de nous avec une organisation appropriée aux lieux qui les avaient vus naître. Nous avons vu que, pour beaucoup, ni le temps, ni l'art, ni nos soins n'avaient pu changer ni même modifier leur nature, et nous voudrions que l'églantier fût propre à recevoir la greffe de tant d'espèces si différentes, nées sous des latitudes si variées, qui n'ont souvent aucun rapport dans le mouvement ou la qualité de leur sève, et dont la vigueur et les inclinations sont quelquefois opposées! C'est plus qu'une erreur, c'est une folie de croire que nous pouvons soumettre à notre volonté, en cultivant avec une sorte d'uniformité, tant d'arbustes que la nature avait séparés par de si grandes distances, et qui par cette raison réclament impérieusement des soins si différens.

On peut reconnaître à des signes infaillibles la perte prochaine d'un églantier greffé; l'art peut quelquefois la reculer d'un an ou deux, mais ne saurait la rendre inévitable. On juge qu'un églantier touche à son déclin aux signes suivans: le développement des gourmands, qui naissent ordinairement de la greffe ou des branches principales, cesse d'avoir lieu; les rameaux acquièrent moins de force et de longueur et se mettent tous à fleurs, souvent l'extrémité se dessèche; les fleurs sont maigres, décolorées et moins fournies de pétales; l'intérieur du bois devient jaune, et un air de souffrance se fait remarquer dans tout le sujet. Arrivé à cet état, il n'y a aucun moyen de lui porter remède, car l'obstruction des canaux séveux est parvenue à son terme; seulement si le pied annonce encore quelque vigueur, on peut adopter un bourgeon vigoureux bien placé, pour en faire une nouvelle tige. On connaît bien toutes les sortes de roses qu'il conviendrait de greffer sur l'églantier, et je pourrais même ici non seulement les dénommer, mais encore déterminer assez précisément la durée de son existence; mais ceci ne présenterait aucun but utile, les maisons de commerce ne pourraient guère se conformer à mes indications, et le public ne les indemniserait pas de cette amélioration.

Je crois avoir prouvé d'une manière évidente et par l'autorité des faits que, lorsque nous avons greffé des églantiers, même avec des sortes de roses d'une certaine vigueur, nous leur avons déjà fait subir deux degrés de dégénération. C'était sans doute assez de mal, mais on l'a encore aggravé par l'emploi de la greffe à la pousse. Cette greffe meurtrière, telle qu'on la pratique à l'égard de l'églantier, n'est en usage que pour les rosiers, et ceux qui l'emploient se garderaient bien d'y sou mettre d'autres arbres ou arbustes. Les églantiers qui se greffent à la pousse sont communément plantés de l'hiver précédent, et c'est vers les mois de juin et juillet que cette opération a ordinairement lieu, j'en ai même vu greffer en août et septembre. A défaut de connaissances physiologiques, il ne faudrait que le simple bon sens pour montrer tout le tort que peuvent causer, dans l'organisation de l'églantier, ces suppressions de rameaux pendant ou après la première sève, et sur des sujets plantés depuis sept ou huit mois. On peut affirmer hardiment que les neuf dixièmes de ces églantiers greffés à la pousse pendant ces mois ne vivront pas trois ans ; et si, servis par un concours de circonstances heureuses ou par la grande vigueur des espèces, quelques sujets, après avoir langui, prennent le dessus, ils prouvent en faveur de la grande vigueur de l'églantier et non en faveur de cette greffe. On a tort d'en faire, me dira-t-on. Non : tant qu'une portion du public voudra bien s'en accommoder, les cultivateurs seront forcés de la pratiquer ; car ces rosiers peuvent se donner à bon marché, ce qui, pour beaucoup de personnes, est le point essentiel.

La greffe à la pousse est le complément de tous les mauvais traitemens que l'on fait subir à l'églantier, et on dirait que, depuis le moment qu'on l'arrache dans les bois jusqu'à celui où on le livre au commerce, on a pris à tâche de tout employer pour le faire périr. Je ne sais si on pourrait citer un seul arbuste qui, considéré comme sujet propre à être greffé, présentât aussi peu d'analogie avec les espèces qu'il doit recevoir.

En culture, surtout, ce sont des faits qu'il faut citer, et lorsque, souvent répétés, ils offrent constamment les mêmes résultats, s'ils sont d'ailleurs d'accord avec les règles générales de la végétation, ils établissent des principes dont un bon observateur sait tirer parti pour obtenir de nouvelles connaissances. Je citerai donc encore une expérience que j'ai faite en 1815 et que j'ai suivie jusqu'en 1817. J'ai greffé à la pousse en 1815, pendant les mois de juin, juillet et août, cent églantiers avec des rameaux de rosiers pris parmi des sortes qui présentaient quatre degrés de vigueur bien différens. La moitié de ces cent églantiers étaient plantés de l'année précédente, et le reste de l'année même. Ces églantiers furent greffés, par parties égales, en six fois, de quinze jours en quinze jours, depuis le 1er. juin jusqu'au 15 août, en greffant à chaque fois un égal nombre de chaque degré de vigueur et des diverses années de plantation. Lorsque les yeux furent bien pris, je supprimai les rameaux en ne laissant qu'un seul œil au dessus des greffes, ainsi que c'est d'usage, et j'attendis que les jeunes bourgeons, résultats des écussons, eussent atteint 4 à 6 pouces de longueur. J'en destinai ensuite cinquante pour être successivement déplantés, afin de pouvoir constater avec soin l'état des racines : les bourgeons partans du corps ou du pied furent soigneusement supprimés, on ne leur donna du reste aucun soin particulier et tous furent traités également. Afin d'obtenir, autant que possible, l'extraction des racines chevelues que j'avais surtout intérêt à bien examiner, je fis opérer la déplantation des sujets avec un soin extrême et avec des précautions très minutieuses. Voici maintenant les principaux résultats : malgré tous mes soins, je remarquai qu'une bonne partie du chevelu était restée en terre, et afin de m'en assurer davantage, je fis également déplanter des églantiers des mêmes âge et force qui n'avaient pas été greffés, et je comparai l'état des racines chevelues et autres. Il me fut alors facile de reconnaître que, par suite de l'état de souffrance où la suppression des rameaux avait réduit les racines des sujets greffés, la décomposition du chevelu avait eu promptement lieu. En effet, le peu qui existait encore n'avait aucune consistance et demeurait après les doigts ; la couleur en était plus foncée que dans l'état naturel. Examinées à la loupe, ou même à la vue simple, les petites racines paraissaient flétries et ridées ; il existait un vide en dessous de l'épiderme, lequel demeurait dans la main pour peu qu'on y passât les racines, en la serrant tant soit peu. Plus tard, je trouvai que les racines avaient péri dans une partie de leur longueur, et souvent même cette mortalité s'était étendue à toutes celles de l'année : les racines des sujets les plus vigoureux ou les plus anciennement plantés, mais greffés avec les sortes les plus délicates, furent toujours celles qui souffrirent le plus, ou périrent plus tôt. Le trouble que la suppression des rameaux apporte dans la végétation des racines a des résultats très prompts et très visibles dans la première quinzaine particulièrement, plus tard, la destruction des racines ayant déjà eu lieu en tout ou en partie, le mal devient moins sensible à la vue. Parmi les sujets greffés avec les variétés les plus vigoureuses, quelques uns produisirent des rameaux de 15 à 20 pouces de longueur : déplantés à l'automne, je vis qu'ils avaient en partie remplacé les racines qu'ils avaient perdues, mais que toutes n'étaient pas encore aoûtées. Voici maintenant ce qui arriva aux cinquante autres sujets greffés que je laissai en place, on se rappelle qu'ils avaient été greffés avec des rosiers de quatre degrés différens de vigueur.

Après l'hiver suivant, vingt des vingt-cinq sujets greffés avec les sortes les plus délicates étaient péris, ainsi que quatorze des autres : deux ans après qu'ils furent greffés, neuf seulement existaient en provences et pimprenelles, qui, pour la force et la vigueur des sujets, pouvaient se comparer aux greffes à œil dormant d'un an. J'avais donc perdu quarante et un sujets pour en sauver neuf, sur lesquels encore j'étais en arrière d'un an. Ceci est en petit, mais en réalité, l'histoire de la greffe à œil poussant, telle qu'on la pratique la plupart du temps ; elle nuit aux intérêts comme aux jouissances de ceux qui achètent, et n'a quelque avantage pour celui qui vend qu'autant qu'il peut se débarrasser de suite des sujets greffés de cette manière. Toutefois, je dois reconnaître que, dans certains cas, elle peut être utile, surtout lorsqu'il s'agit de sauver un rosier précieux, ou de provoquer la naissance d'un rameau dont on aura besoin plus tard pour greffer ; mais, dans ces circonstances, il ne faut pas fonder beaucoup d'espoir sur le sujet : encore, en faisant usage de cette greffe, doit-on choisir l'époque convenable et s'entourer des précautions nécessaires pour atténuer ses mauvais effets.

CHAPITRE III.

*Des sujets propres à recevoir la greffe. —
Considérations à cet égard.*

On a pu se convaincre que l'églantier ne pouvait convenir qu'à un certain nombre de roses, dont beaucoup encore ne sont que de collections, et qu'il convient mieux de multiplier franches de pied. Depuis un grand nombre d'années, je me suis attaché à étudier les rosiers qui pourraient le remplacer avec avantage, sans prétendre toutefois en obtenir des tiges élevées, ce qui ne convient à aucun, ou au moins ce qu'on obtiendrait qu'avec trop de frais. Je ne proscris pas l'églantier, c'est l'abus que nous en faisons contre lequel je réclame et contre lequel réclament aussi, mais souvent sans s'en douter, tous ceux qui se plaignent de son peu de durée. Il importe à tous ceux qui cultivent de voir cesser des plaintes qui, pour avoir une apparence de fondement, n'en sont pas moins injustes, et j'ai pensé que ma position particulière me faisait un devoir de signaler à l'attention publique les améliorations notables qu'exigent nos multiplications par la greffe. Les moyens de perfectionnement que j'indique, pouvant avoir quelque influence sur la culture du rosier, surtout au moment de la greffe, j'ai regardé comme urgent de faire paraître ce cahier avant cette époque, et la célérité que j'ai mise à sa publication prouvera à quelques amateurs instruits ma déférence à leur invitation.

Je vais passer en revue, dans quelques espèces, les variétés de roses qu'il serait avantageux de propager comme sujets propres à greffer, en mentionnant leurs diverses qualités et le parti que l'on pourrait en tirer : je garderai l'églantier pour le dernier, et j'indiquerai le moyen de faire tourner à notre avantage dans de certains cas cette excessive vigueur, qui presque toujours est la cause de sa perte.

L'immense quantité d'espèces ou de variétés de rosiers que nous possédons maintenant indique suffisamment qu'il faut les diviser en raison de leurs caractères, de leurs rapports, de leur analogie, et chercher, d'après ces divisions, quelles seraient les sortes qui pourraient être adoptées pour recevoir la greffe. L'églantier pourra être remplacé avec succès, pour la plus grande partie de nos rosiers, du moment où l'on sera assez raisonnable pour se bien pénétrer que cet arbuste n'a pas été destiné par la nature à vivre sur une tige : le renouvellement partiel de son bois, les bourgeons nombreux qui sortent de son pied , la facilité de sa multiplication , sa forme constante en buisson n'en sont-ils pas des preuves ? Mais si l'on veut à toute force qu'il s'élève au dessus du sol, qu'on cherche donc alors l'élévation la moins désavantageuse à l'espèce , et surtout qu'on la consulte ; qu'au lieu de greffer à 3 et 4 pieds des sujets sur églantiers , qui vivront de deux à six ans, on greffe à 24 ou 30 pouces sur d'autres espèces dont l'analogie est reconnue : bientôt la difficulté de remplacer l'églantier disparaîtra devant cinquante variétés , qui lui disputeront cet honneur, et qui ne seront pas sans droit pour réclamer cette préférence.

Pour qu'un sujet réunît toutes les qualités désirables pour être greffé , il faudrait qu'il ne fût pas supérieur en vigueur aux roses les plus vigoureuses que nous greffons ordinairement; qu'il ne fût pas d'une espèce traçante et qu'il eût d'ailleurs autant d'analogie que possible avec les roses qu'on lui destine ; qu'il fût assez robuste pour supporter dix-huit degrés de froid ; que la sève y fût abondante, douce et hâtive : il serait encore à désirer qu'il eût peu ou point d'aiguillons, ce qui rend le travail de la greffe beaucoup plus facile et infiniment plus prompt. Rigoureusement parlant , il n'existe aucun rosier réellement propre à faire des tiges ; car ceux qui ne tracent pas donnent naissance, de leur collet, à un grand nombre de bourgeons qu'il faut constamment supprimer, inconvénient qui, pour être moindre que dans les espèces traçantes, n'en est pas moins un : mais c'est là un des caractères particuliers du genre, il y a variations de position, ou du plus au moins, jamais absence. Ne pouvant réformer la nature, il faut bien lui céder et chercher ce qui approche le mieux de ce dont nous avons besoin, ou même en provoquer la naissance ; ce que je ne regarde pas comme impossible.

On trouve parmi les *alba* quelques variétés qui réunissent les qualités nécessaires, et dont plusieurs même pourraient former des tiges de 36 pouces, mais qui demanderaient deux ou trois ans de soins avant de pouvoir être greffées. Les roses blanches, doubles et semi-doubles, la céleste, la petite cuisse de nymphe sont au nombre de celles qui s'élèvent davantage : il n'est pas rare, dans une année, de voir ces rosiers produire des scions de 3 à 4 pieds, et Dupont a reconnu, avant moi, l'utilité de les employer comme sujets; d'autres variétés, qui ont l'avantage, comme les précédentes, de produire peu de traces , surtout dans leur jeunesse , sont fort bonnes pour des basses tiges : telles sont la Royale, Beauté tendre, Fanny Sommeson, Belle de Ségur, et quelques autres. Je m'occupe maintenant de multiplier, pour faire des sujets, la Dulcinée double, qui joint aux mérites communs aux *alba* celui d'être dépourvue d'aiguillons. En employant comme sujets les variétés de cette espèce, il ne faut pas perdre de vue que ce sont des rosiers hâtifs qui perdent leur sève de bonne heure, et qu'il faut choisir avec discernement les greffes qu'on veut leur confier. Elles conviennent particulièrement aux variétés de leur espèce, ainsi qu'aux sortes hâtives ; le développement de leurs feuilles au printemps et leur chute en septembre peuvent indiquer aux moins habiles les roses qui ont du rapport avec elles. Leur précocité rend ces sujets précieux quand il s'agit de greffer de bonne heure, ils devancent l'églantier de quinze à vingt jours, et n'ayant que peu ou point à ébourgeonner leurs pieds, on ne porte pas continuellement le désordre dans leur végétation, comme on est forcé de le faire à l'égard de l'églantier. Toutes les variétés d'*alba* supportent bien le froid, surtout celles propres à recevoir la greffe ; mais leur multiplication en francs de pied est lente, ce qui rendra toujours ces sujets rares pour le commerce. Quand on voudra s'occuper sérieusement de cet objet important, ce sera parmi les semences d'*alba* qu'il faudra chercher les sujets les plus propres à greffer ; mais il faudrait ne pas dédaigner de semer les semi-doubles, les simples même, quand du reste elles s'annoncent sous des rapports avantageux. J'ai obtenu de Dulcinée (semi-double, sans aiguillons) la variété à fleur double, qui est beaucoup plus vigoureuse, et j'ai quelques semis d'*alba* dont je fais le plus grand cas pour greffer.

Les roses de provences, généralement vigoureuses, peu armées d'aiguillons et traçant rarement, peuvent encore, comme sujets, offrir de grandes ressources. Beauté surprenante, Marinette, la Triomphante, l'Ornement de carafe, etc., sont de beaucoup supérieures à l'églantier, surtout pour la culture en pots. Un grand nombre de variétés de pleine terre réussissent très bien sur ces sujets, s'y conservent très long-temps, et je les destine, ainsi que quelques autres variétés, à remplacer l'églantier dans beaucoup d'occasions : on ne peut guère en obtenir que des tiges de 2 pieds environ, ou s'en servir pour greffer rez-terre. Ces plants sont robustes, n'ont rien à redouter du froid, et la sève s'y soutient long-temps : les semis donneraient des individus probablement encore préférables, en s'attachant à semer les variétés les plus vigoureuses et les moins armées.

d'aiguillons, ce dont je me propose de m'occuper.

Frappé, depuis long-temps, du mérite de quelques variétés de roses des Alpes, je les ai multipliées pour la greffe ; quelques unes cependant présentent autant d'inconvéniens que d'avantages : tel est le *rosa reversa*, qui, entrant en sève un mois avant l'églantier et ne la perdant qu'un mois après lui, permet d'y greffer pendant sept mois de suite, mais dont les traces s'y reproduisent si fréquemment et en si grand nombre, que sa culture devient trop dispendieuse par les soins minutieux qu'il exige continuellement. Cultivé en pot cependant on le maîtrise beaucoup mieux, il offre alors une ressource précieuse pour les greffes hâtives : je l'ai souvent greffé avec succès dès le mois de février dans la serre tempérée ou sous panneau, et en mars en pleine terre. La rose Boursaut, celle de la Floride et quelques autres moins traçantes et un peu moins hâtives pourraient encore être utilisées ; mais en général, toutes les variétés deviennent d'autant moins propres à recevoir la greffe, qu'elles s'éloignent davantage de leur type. Je préfère la rose des Alpes primitive, qui trace peu, où la sève est abondante, qui surpasse les *alba* en vigueur, et dont on pourrait également obtenir de belles tiges. J'ai trouvé autrefois, dans les semences de M. Descemet, une variété de ce rosier, simple, sans aiguillons, douée d'une vigueur supérieure, qui m'a souvent donné des scions de 6 à 7 pieds : je ne connais, pour greffer, rien de préférable à cette intéressante variété, que l'hiver n'endommage jamais, qui ne demande que les soins communs aux arbustes les plus rustiques, et qui remplacerait avec avantage l'églantier pour les tailles élevées si on parvenait à le multiplier en assez grande quantité. Cette variété de rose des Alpes a été autrefois portée sur mon *Catalogue;* mais comme la très grande majorité des amateurs ne daigne pas s'occuper des roses simples ou semi-doubles, quelques mérites qu'elles puissent avoir, elle en a été retirée ainsi que beaucoup d'autres, que je ne cultive plus que pour moi. On obtiendrait de très bonnes graines de ce rosier, qui fructifie très bien, et qui se perpétuerait probablement sans altération, si on pouvait le cultiver dans un endroit éloigné de tous ses congénères : j'en ai semé deux années de suite; mais altéré par les pimprenelles qui fécondent très facilement son espèce, je n'ai obtenu que des plants faibles et couverts d'aiguillons.

Il y a quelques années, on crut pouvoir confier la greffe de la plupart de nos rosiers à l'espèce des quatre-saisons; les champs des environs de Paris furent mis à contribution, et le damas de Puteaux fut destiné à remplacer l'églantier, lorsqu'il s'agissait de greffes rez-terre ou basses. Sa reprise facile, son prix modéré, l'abondance de sa sève et, plus que tout cela, une suite d'hivers doux l'avaient mis à la mode; moi-même je l'avais adopté. La rigueur de nos derniers hivers a détruit le prestige; aujourd'hui nous savons que les quatre-saisons et un grand nombre de damas périssent à dix ou douze degrés de froid, et beaucoup plus tôt s'ils ont été greffés à la pousse. L'hiver qui vient de s'écouler a fait d'affreux ravages parmi ces rosiers, et ôtera l'envie de s'en servir de nouveau; on a perdu non seulement les yeux dormans, mais encore les greffes d'un an, les tiges ayant gelé. Je sais que dans l'Anjou on s'en sert avec un certain succès; mais ceci tient au climat, où un froid de quatorze degrés est inconnu; d'ailleurs ces rosiers n'ont aucune analogie avec beaucoup d'autres espèces, et cette raison seule suffit pour ne les employer qu'avec ménagement. Il est vrai que parvenu à un certain âge, les risques sont moins grands, surtout s'ils ont été greffés bas; mais comme il ne faut qu'un hiver pour les détruire dans leur jeunesse, la prudence conseille de ne pas s'en servir, et si j'avais à opter, j'aimerais encore mieux l'églantier. Beaucoup de nos damas, surtout dans nos nouveaux, et même quelques perpétuelles, ne peuvent vivre sur églantier et y périssent après deux ou trois ans, quelquefois même dès la première année : ceux dont le bois est grêle, et dont l'écorce est d'un jaune verdâtre, me paraissent les plus délicats et ne souffrent pas impunément la suppression de leurs rameaux pendant le cours de leur végétation. J'ai fait périr, l'été dernier, quelques sujets dont plusieurs même étaient francs de pied, pour y avoir pris des greffes, et d'autres, dont j'avais abaissé les rameaux pour les multiplier, ont eu le même sort. Beaucoup de ces rosiers ont cela de commun avec les cent-feuilles, que toute suppression pendant la végétation leur est très préjudiciable, et souvent il ne faut pas chercher d'autre cause à la langueur ou à la mort d'un sujet.

Si j'en excepte les damas, très vigoureux et très altérés, qui ne s'arrangent pas plus mal que beaucoup d'autres rosiers d'être greffés sur églantier, je ne saurais trop quels sujets indiquer pour la multiplication des autres. Nous avons obtenu, depuis quelques années, plusieurs variétés de damas assez robustes, et qui me paraissent bien supporter nos grands froids, ce sera probablement parmi eux qu'il faudra chercher les variétés propres à greffer les plus délicats. Je crois cependant qu'il en est quelques uns dont la multiplication sera très difficile, et dont la conservation réclamera quelques soins particuliers ; après les rosiers exotiques, c'est parmi ceux-ci que se rencontrent les plus délicats. Je ne possède pas encore de renseignemens suffisans pour pouvoir indiquer quelles seraient les variétés de l'espèce les plus propres à recevoir la greffe, mais je crois pouvoir avancer qu'il vaut mieux la confier aux provences qu'aux églantiers.

Bien que l'églantier reçoive la greffe des bengales et des noisettes, il n'en est pas moins vrai que ces deux espèces n'ont aucune analogie entre elles, je crois même qu'il serait difficile d'en trouver qui en ait moins. Les bengales sont réellement une espèce à feuilles persistantes, leur chute est immédiatement suivie du développement des bourgeons quand ils se trouvent placés dans des circonstances favorables à leur végétation. Cette seule considération devrait suffire pour ne jamais greffer les bengales sur les églantiers, si en culture on n'était pas souvent forcé de mal faire avec connaissance de cause, pour complaire aux goûts dominans, ou ne pas être forcé au sacrifice de ses intérêts. Au moment où j'écris (15 février), nous venons de supporter un froid de quinze degrés, et je remarque chez moi un grand nombre de bengales et de noisettes greffés sur églantiers, non seulement dont les greffes sont péries, mais encore dont les sujets sont morts. Je sais de plus, par expérience, que beaucoup auront le même sort lorsque les églantiers se mettront en sève. Et il ne faut pas croire que les pertes soient le seul effet du froid, la même chose arrive souvent aux plants cultivés en serre ou sous panneaux, surtout quand on a greffé à la pousse. J'ai tant de preuves du désavantage qu'il y a d'employer l'églantier à la multiplication des bengales, qu'à compter de l'automne de 1831 les fournitures n'auront lieu chez moi qu'en francs de pied, ce qui est toujours préférable, ou en sujets greffés sur des espèces convenables, mais jamais à feuilles caduques. Je m'occupe, en ce moment, des moyens nécessaires pour parvenir à cette importante amélioration, et mes multiplications en francs de pied me permettent déjà d'abandonner la greffe pour la plus grande partie de ces rosiers.

J'admets en principe que les bengales et les noisettes ne doivent être greffés que sur leurs congénères, avec lesquels ils ont l'analogie nécessaire, mais une difficulté se présente aujourd'hui. Le froid de cet hiver a prouvé qu'aucune variété à feuilles persistantes n'a pu supporter dehors nos quinze degrés de froid : toutes ont gelé jusqu'au sol, même en bois de deux ans. Il faut donc maintenant, ou confier la greffe de ces rosiers à des espèces à feuilles caduques, dont l'expérience a démontré les mauvais effets, ce qui laisse d'ailleurs la greffe exposée à l'action du froid; ou élever en pots des sujets convenables, les greffer bas, et ne les mettre en pleine terre qu'à la seconde année. En bonne culture, ce dernier moyen doit obtenir la préférence, parce qu'il permet de choisir les sujets les plus convenables pour greffer cette espèce, et qu'après la mise des plants en terre, à la deuxième année, on peut, par des moyens simples que j'ai indiqués dans mon troisième cahier, les abriter du froid sans égard à son intensité. Pour former des sujets, on doit donner la préférence aux noisettes les plus robustes et dont les rameaux sont les plus longs, la pratique ayant démontré qu'elles étaient moins difficiles sur le terrain et plus capables de résister aux froids. Je me sers avec succès des noisettes Lée, comtesse d'Orloff, Globuleuse, Dufresnoi, Constant de Rebecque, Ile-Bourbon, etc. S'il s'agissait de bengales à greffer qu'on voulût conserver en pots, on pourrait employer le commun, celui à fleurs pleines, le camélia, Grandval, le Vésuve, et plusieurs autres; mais s'ils étaient destinés à la pleine terre, ce serait sur des noisettes qu'il les faudrait greffer.

Plusieurs hybrides de bengales ont conservé, jusqu'à un certain point, une partie des caractères de l'espèce, ou, pour mieux dire, ils ont été modifiés d'une telle manière, qu'ils forment maintenant le chaînon intermédiaire qui lie les rosiers à feuilles caduques avec ceux à feuilles persistantes; les noisettes même, qui ne sont d'ailleurs que des hybrides, ont subi également l'effet de ces modifications, et s'éloignent tous les ans davantage des bengales. Ainsi, nous avons maintenant des noisettes dont tous les rameaux ne sont pas florifères, témoin plusieurs de ma troisième division, et les Iles-Bourbon, le *Rosa carbonara*, la plus altérée de toutes, ne refleurit pas tous les ans, ou ne le fait que sur quelques rameaux, et serait aussi bien placée aux hybrides qu'aux noisettes. L'hybride de bengale à fleurs chagrinées donne souvent de nouvelles fleurs au bout de ses rameaux, surtout si l'art le seconde; d'autres conservent leurs feuilles bien au delà de l'époque de la chute de celles des autres espèces, et semblent ne les céder qu'à la rigueur de la saison. Rentrés en serre tempérée, les feuilles de ces hybrides s'y conservent jusqu'en janvier et février, c'est à dire jusqu'au moment où le bourgeon qu'elles ont nourri commence à entrer en végétation : l'hiver endommage l'extrémité des rameaux de ces rosiers, circonstance qui atteste qu'ils ont hérité d'une partie de la délicatesse de leurs ascendans. C'est une des propriétés des hybrides d'affaiblir, de rendre même nulles les différences qui existent non seulement entre les espèces, mais encore entre les variétés, et c'est la raison qui rend aujourd'hui si difficile le classement de nos rosiers. L'observation que je consigne ici devient tous les ans plus sensible, et se remarque particulièrement dans les espèces dont nous semons les graines de préférence ; les bengales et les noisettes sont de ce nombre : semés partout où le climat ne s'oppose pas à la maturité de leurs fruits, et par tous les amateurs, leurs productions en hybrides ont donné lieu à la découverte d'un grand nombre de fort bonnes roses. Parmi ce nombre immense d'individus obtenus de semence, il a dû s'en trouver qui, au moyen de leurs caractères mixtes, auraient pu convenir à la greffe de l'espèce beaucoup mieux que l'églantier ; mais trop peu de personnes s'occupent du rosier sous le rapport du perfectionnement de sa culture, pour donner de l'importance à de telles recherches, et ces rosiers auront été détruits par la seule raison qu'ils se seront trouvés simples ou semi-doubles. Sans avoir fait encore d'expériences comparatives à ce sujet, je pense que c'est parmi les hybrides de bengales et de noisettes, qu'il faut chercher les plants susceptibles d'approcher le plus du degré d'analogie convenable, pour leur confier la greffe de ces rosiers : leurs pieds seraient plus capables de résister à l'action du froid, et pourraient convenir davantage aux noisettes. On pourrait tenter quelques essais sur les hybrides robustes peu aiguillonnés et dont les rameaux sont gros, tels que le Duc de Choiseuil, Eve, Athalin, Celui qui porte mon nom, casorettiana, *Rosa carbonara*, et beaucoup d'autres, en ayant égard, toutefois, aux effets du froid de ce dernier hiver.

CHAPITRE IV.

Moyens d'atténuer les mauvais effets de la greffe sur églantier. — Nécessité d'adopter de nouvelles espèces pour la greffe. — Préférence à donner aux francs de pied.

Il est si peu naturel d'élever des églantiers à tige, que les rameaux que nous destinons à cet usage n'affectent jamais la position verticale ; il est même rare qu'un rameau né au printemps continue de croître en longueur jusqu'à l'automne, si quelques circonstances particulières ne le forcent à se maintenir dans une position verticale. On voit quelquefois dans les bois de ces rameaux d'un an, qui atteignent 12 ou 15 pieds d'élévation; mais ce n'est qu'à la faveur des branches des arbres voisins, qui les soutiennent, et en raison des lois de la nature, qui les porte à chercher dans une partie supérieure l'air qui manque souvent à leur pied. Ce n'est que dans ces circonstances ou d'autres analogues, que la circulation de la sève peut avoir lieu jusqu'à l'automne sans suspension ni déviation ; mais dans l'état de nature il n'en est pas ainsi : lorsqu'un rameau du printemps a atteint la grosseur et la longueur relatives à la force du pied, la sève cesse graduellement d'y affluer, et ce ralentissement détermine bientôt la maturité du bois, et accélère en même temps la sortie des nouveaux bourgeons. Tous ces effets sont tellement liés entre eux, qu'ils sont la conséquence des uns des autres et qu'on peut les provoquer ou les retarder à volonté : ainsi, en maintenant un rameau dans une position verticale, on peut y prolonger le cours de la sève, et en pratiquant l'arqûre sur d'autres quelque temps après leur naissance, on anticipe sur la saison, en forçant la nature à développer des bourgeons qui ne devaient paraître que vers le mois d'août. L'églantier est un arbuste indocile, vigoureux, peu délicat, susceptible d'être employé avec avantage à la multiplication des rosiers, quand on voudra se borner aux usages auxquels il est propre, mais qui tient de la nature une organisation particulière que l'art ne saurait ni changer ni affaiblir, et qui par cette raison nous contraindra toujours à d'assez grands ménagemens envers lui, si nous en voulons tirer quelque parti. J'avais besoin de cet exposé pour ce qui va suivre.

Puisque la nature se refuse à nourrir les églantiers que nous greffons sur des tiges élevées, ou, pour mieux dire, puisque nous ne voulons pas

les greffer avec les sortes convenables , je vais examiner quel est le parti le moins mauvais qu'on en
peut tirer. On greffe chez moi , depuis beaucoup
d'années , l'églantier depuis 3 pouces jusqu'à
4 pieds, et j'ai toujours remarqué qu'exception
faite des sortes qui lui conviennent le plus et qui
ne sont presque jamais greffées , la durée d'un
sujet dépend beaucoup de la hauteur de sa tige.
Les modifications que cette élévation plus ou
moins grande peut apporter dans la prospérité
des plants greffés sont telles, qu'un sujet greffé à
4 ou 6 pouces peut présenter les signes d'une végétation vigoureuse, et vivre un grand nombre d'années; tandis qu'un autre, greffé à 4 pieds avec la
même rose, peut ne pas vivre quatre ans. Ces exemples , qui sont très communs chez moi, se rencontrent dans toutes les espèces, et parmi un
grand nombre de variétés qui sont cultivées en
grandes et petites tailles. Personne n'ignore que
les cent-feuilles , les mousseuses surtout , végètent fort mal sur églantier ; j'en ai cependant de
greffées rez-terre, qui sont de la plus grande vigueur ; la proportion des sujets greffés à hautes
tiges qui périssent , comparée aux basses tiges ,
est toujours de 10 à 1. Une pratique de vieille date
et des milliers d'exemples que j'ai tous les jours
sous les yeux m'ont prouvé cette vérité , et je

suis fortement convaincu que les pertes répétées qui ont lieu tous les ans ne sont dues, en grande partie, qu'à l'élévation des tiges. Une observation d'une si haute importance ne pouvait manquer de fixer toute mon attention, j'en ai donc recherché les causes avec soin, et il ne m'a pas été difficile de m'en rendre raison; je vais expliquer ces causes avec quelque détail, je prie les personnes qui voient, dans un grand églantier greffé, le *nec plus ultra* de la culture des rosiers, de me prêter quelque attention.

J'ai prouvé que l'intention, que le but de la nature n'avait pas été que l'églantier vînt sur des tiges verticales; qu'il était de son essence, au contraire, de renouveler ses rameaux au moins deux fois par an; que le terme d'accroissement, pour les premiers, était borné au déclin de la sève du printemps, et que la naissance successive de ces rameaux était un besoin, une nécessité de sa nature. Il est évident qu'en élevant l'églantier sur une tige unique, nous sommes, en tout point, en contradiction avec la nature, qui veut impérieusement qu'il en ait plusieurs et qu'elles soient toujours jeunes. On supprime presque tous les bourgeons, ceux du pied surtout, afin, dit-on, de faire monter la sève dans la tige: ce raisonnement porte à faux, car au contraire ces suppressions ne tendent qu'à suspendre son cours et à détruire les facultés propres aux racines : or, toutes les fois qu'un églantier est forcément amené à cet état, comme il n'y peut rester sans éprouver un préjudice notable, il y a de suite engorgement et obstruction des canaux destinés au passage de la sève. Il n'y a plus d'espoir alors, cette tige doit périr : vainement lui prodiguerait-on tous les secours de l'art, le principe du mal ne peut être atteint, la greffe et le sujet s'entretuent réciproquement. Outre ces causes premières de dépérissement, il en est d'autres qui, bien que secondaires, n'en concourent pas moins à la perte de ces grandes tiges : je veux parler de l'action de l'air ou du soleil sur elles, dont les effets se modifient à un tel point qu'ils deviennent nuls, si les sujets sont greffés bas, et très préjudiciables s'ils le sont haut. En effet, ces tiges très courtes profitent de l'ombrage que leur procurent les greffes et jouissent des émanations humides qui s'échappent du sol : l'écorce des églantiers, dans ces cas, est souvent lisse et brillante; les pieds donnent, comparativement, moins de drageons, parce que la sève n'éprouve que peu ou point d'obstacles à passer dans ces tiges de quelques pouces, dont les conduits sont spacieux. Si le sujet était greffé avec un rosier de médiocre vigueur, la cause de dépérissement existerait toujours, mais ses effets en seraient moins sensibles et beaucoup plus lents : ce qui le prouve, c'est l'accroissement que prend l'églantier; tandis que souvent, à côté, un pareil à haute tige, greffé de la même sorte, ne grossit pas et meurt avant quatre ans.

Les greffes basses ont donc un avantage incontestable, puisqu'elles prolongent la durée de l'églantier qui les reçoit; et si l'on veut absolument continuer à s'en servir sans discernement, on doit au moins greffer très bas les roses les plus délicates, et porter les autres sur des demi-tiges : ces greffes basses ont encore un grand mérite, c'est qu'elles sont très propres à être abaissées pour multiplier en francs de pied les sortes qu'on ne possède que greffées. Hormis quelques provins d'une faible végétation, quelques damas, cent-feuilles et les bengales, on réussit passablement en greffant les autres sur des tiges moyennes; plusieurs sortes y forment de belles têtes et s'y soutiennent. Je suis certain qu'on éviterait beaucoup de pertes, si on voulait ne pas dépasser 3o ou 33 pouces de tige. La greffe d'un églantier greffé avec une sorte de rose qui lui est à peu près convenable peut acquérir, en deux ans, une élévation de 15 à 18 pouces environ, lesquels, ajoutés à une tige de 3o à 33 pouces, donnent 4 pieds, qui est la hauteur qui les rend plus faciles à soigner. Au delà de cette élévation, on voit mal les fleurs, ou on ne les voit qu'en dessous, ce qui est un notable désagrément : ils deviennent bien plus exposés aux coups de vent, et ils sont, en général, beaucoup plus mal soignés ; car il ne faut pas croire qu'on obtiendra d'un jardinier de prendre tous les jours, ou au moins très souvent, un marchepied ou une échelle, pour leur donner les soins qu'ils réclament. L'élévation de ces tiges réduites à la hauteur que j'indique n'empêche pas de cultiver sous leur protection quelques plantes basses d'utilité ou d'agrément, qui préfèrent l'ombre ou un demi-soleil : toutes ces considérations militent en faveur de la réduction des tiges d'églantiers, et sont dignes de fixer l'attention des personnes qui aiment à se rendre compte des causes qui influent sur la prospérité des végétaux.

Il existe chez moi un nombre très considérable de variétés de roses greffées sur églantiers de toute taille et même sur d'autres espèces, et je me ferai un plaisir de donner sur les lieux, en présence des sujets, toutes les explications que les personnes instruites pourraient désirer sur cette matière. L'action de l'air et du soleil pendant les grandes chaleurs, agissant puissamment sur les tiges des sujets tenus constamment en état de souffrance par le peu d'analogie des greffes avec eux, ne saurait être atténuée qu'en mettant, pendant le jour seulement, ces mêmes tiges à l'abri de la chaleur, qui les dessèche; mais les soins longs et minutieux que cela exigerait les rendent impraticables et ne seraient d'ailleurs que des palliatifs. Il vaut certainement beaucoup mieux couper le mal dans sa racine, en ne greffant que sur des espèces convenables, ou en réservant l'églantier pour les rosiers les plus vigoureux seulement, ou pour être greffé bas, afin de faire des francs de pied; car dans ce dernier cas il vivra toujours au delà du temps nécessaire à la réussite de cette opération. En considérant les églantiers greffés plus spécialement sous le rapport de leur élévation, je trouve qu'on s'en fait généralement une fausse idée; pour moi, je ne vois qu'une foule d'inconvéniens qui ne sont rachetés par aucun avantage réel, et je doute que leurs partisans puissent me donner à cet égard, je ne dirai pas une bonne raison, il n'y en a pas, la nature les détruit toutes, mais au moins une raison plausible. En culture, avant de vouloir quelque chose, il faut en admettre la possibilité, en apprécier les résultats, voir si on ne peut pas obtenir mieux ou plus par d'autres moyens et revenir sur ses pas si l'on s'est trompé. Les lois de la nature n'ont pas toutes la même importance, il en est que nous pouvons modifier, et le comble de l'art est de les faire tourner à notre avantage sans nuire aux principes de l'existence des végétaux que nous soumettons à la culture; mais il en est d'autres qui intéressent plus essentiellement leur organisation intérieure, la structure de leurs organes et leur vie même, que nous sommes forcés de respecter si nous ne voulons pas porter le trouble, la confusion ou la mort parmi eux. Ce sont ces lois, ces principes de vie que nous détruisons tous les jours, soit en greffant des églantiers avec des sortes de rosiers infiniment moins robustes qu'eux, soit en les forçant à nourrir des espèces qui n'ont, avec leur essence, aucune analogie; inconvéniens très graves, qui s'augmentent encore, comme on voit, en raison de la hauteur de leurs tiges. Si d'ailleurs une raison pouvait être alléguée en faveur de ces tiges, elle ne serait que spécieuse; car, en raisonnant en thèse générale, d'après notre mode de greffer, on a de grandes tiges et de petites têtes, dont la force est souvent fixée dès la deuxième ou troisième année: au lieu que, d'après mon opinion, sur des tiges de 30 pouces, on aurait de fortes têtes, dont les sommités atteindraient bientôt et surpasseraient les autres, qui périraient avant elles. Tant de pertes répétées feront sans doute un jour ouvrir les yeux à ceux qui achètent, et quand on sera persuadé qu'une tige élevée est presque toujours une cause de dépérissement, on cessera de mesurer la valeur d'un rosier sur son élévation.

Si on a donné quelque attention aux chapitres précédens, on a pu se convaincre que la multiplication des rosiers par le moyen de la greffe réclamait d'importantes améliorations. Ceux qui s'occupent de cette culture, comme objet d'agrément ou de commerce, n'ont qu'à jeter les yeux autour d'eux, ou consulter leurs souvenirs, ils reconnaîtront bientôt qu'en signalant tant de fautes et, par suite, tant de pertes, je ne me suis écarté ni de la vérité, ni laissé entraîner par de fausses théories. En pratique, les faits parlent, et les preuves ici s'accumulent à un tel point, qu'il n'est peut-être pas un seul jardin d'amateur, où je ne pourrais trouver à faire l'application de ces principes. Certes, depuis quelques années, la culture des rosiers s'est sensiblement améliorée, c'est une vérité qu'il est juste et utile de reconnaître. De plus grands succès pourront encore être obtenus lorsque le goût de l'horticulture sera devenu plus général, et que les connaissances indispensables que cette science exige seront plus répandues chez les personnes instruites, ou auront été mises à portée de toutes les intelligences. Les besoins des plants sont maintenant bien mieux étudiés, beaucoup mieux compris, presque tous les procédés de culture sont mieux raisonnés, et l'art des multiplications est aujourd'hui, dans quelques maisons, porté peut-être à son plus haut degré de perfection et de célérité. Cette marche, toujours croissante vers le mieux, est due en grande partie aux Sociétés savantes, dont les travaux ont déjà exercé une haute influence sur les progrès de l'horticulture, ainsi qu'à la bienveillante protection que le Gouvernement leur accorde.

Il ne serait pas juste d'attribuer aux seuls cultivateurs quelques pratiques vicieuses contre lesquelles je m'élève avec raison, et au premier rang desquelles je mets la greffe des rosiers sur des sujets dont la sève ou la nature est incompatible.

On finira par se lasser de voir périr la plupart des églantiers greffés sur des tiges élevées, et lorsque le public sera devenu plus éclairé ou plus raisonnable, il reconnaîtra enfin la cause de tant de pertes répétées, et autant dans l'intérêt de sa bourse que dans celui de ses plaisirs, il cessera de vouloir forcer la nature à enfreindre ses propres lois pour satisfaire ses goûts. Lorsqu'il s'agit d'améliorations dans la culture ou l'éducation des plantes où le public n'intervient pas, un cultivateur instruit peut mettre à profit toutes les ressources de son intelligence, son intérêt même est un motif suffisant pour le porter à réfléchir et à comparer ; mais quand ces améliorations, quelque avantageuses qu'elles puissent être, sont subordonnées à la volonté de ceux qui achètent ces produits, on est forcé souvent, tout en en reconnaissant l'urgence, de les ajourner à des momens plus opportuns. Il faut du temps, il en faut même beaucoup pour modifier de vieilles habitudes, abandonner d'anciennes routines, surtout lorsque l'intérêt personnel est en opposition avec les procédés nouveaux. En culture surtout, il est un point où doit s'arrêter l'économie, car en mettant le cultivateur dans la nécessité de travailler pour des prix trop modiques, on le force à refuser aux plants l'espace ou les soins nécessaires, et les conséquences qui en sont la suite se font souvent sentir pendant plusieurs années.

Afin d'éviter les inconvéniens et les pertes qui résultent si fréquemment de l'usage où l'on est de tout greffer sur églantier, il est évident qu'il faudrait chercher dans chaque espèce les variétés les plus propres à recevoir la greffe : on a pu voir que ce n'était pas une chose impossible ; mais l'éducation de ces nouveaux sujets demanderait quelques soins et deux ou trois ans de culture avant d'être greffés. La durée ou la vigueur de tels sujets dédommagerait bien de l'excédant de dépense, et on les verrait augmenter graduellement tous les ans en force et en beauté, au lieu que nos églantiers suivent généralement une marche contraire. Il n'est pas, je crois, d'établissement où l'on ait greffé un plus grand nombre de variétés de roses que chez moi; et j'ai été très souvent à même d'apprécier les résultats de ces opérations, résultats qui attestent combien l'églantier est peu propre pour beaucoup d'espèces. Ainsi, par exemple, si on greffe un jeune scion de rose de provence et un églantier plus fort avec un provins de moyenne vigueur, après deux ans, le premier sujet a déjà surpassé la force de l'églantier, qui souvent périt avant sa quatrième année, tandis que l'autre continue tous les ans de croître et de grossir. L'accroissement des sujets greffés n'est pas en raison de leur vigueur relative, mais en raison de l'analogie qui existe entre eux et l'espèce qu'ils reçoivent. Une telle vérité n'a pas besoin de démonstration, trop de pertes, à défaut des raisonnemens, l'attesteraient partout où le rosier est cultivé greffé. Comment, en effet, prétendre faire long-temps vivre ensemble des espèces qui n'ont aucun rapport dans leur organisation? L'analogie entre eux est une condition d'absolue nécessité ; condition tellement indispensable, qu'il ne faut jamais compter sur des succès complets quand elle ne se rencontre pas.

Si on voulait donner quelques soins à l'éducation des sujets propres à recevoir la greffe des rosiers, on trouverait bientôt, tant parmi ceux que nous possédons que parmi ceux qu'il serait facile de se procurer par semences, des variétés qui, sans former des tiges aussi élevées que celles de l'églantier, le remplaceraient avec avantage. Il est même probable qu'en semant les graines de ces rosiers, on pourrait obtenir un plus grand degré de vigueur : c'est ainsi que dans plusieurs espèces je me suis procuré des individus supérieurs aux variétés primitives. Une fois que l'on serait parvenu à trouver quelques sujets convenables, en les cultivant isolément on pourrait les multiplier par semences ; il serait indispensable de relever le jeune plant dès la première année, car généralement les rosiers de semences qui ne tracent que peu ou point ont des racines pivotantes d'une telle longueur, que j'en ai vu acquérir 18 pouces en un an, et 24 à 30 pouces en deux. On coupe les racines de ces semences à moitié, et on les plante, en terre bien préparée, à 5 ou 6 pouces de distance, en novembre ou en mars; et si elles ont été bien conduites, on peut, dès le mois d'août, les greffer en œil dormant. Les graines d'*alba*, de provences, de rose des Alpes, et quelques variétés de *villosa* sont celles qu'il est préférable de semer; il ne faut conserver que les plants qui tracent peu, dont les scions sont courts et gros relativement à leur âge, et qui sont peu garnis d'aiguillons.

Nous manquons réellement de sujets pour quelques sortes de rosiers; aussi les greffe-t-on avec la certitude qu'ils ne verront pas leur troisième ou quatrième année. Les mousseuses et l'espèce des cent-feuilles sont de ce nombre; leur végétation, assez satisfaisante la première année qu'elles sont greffées sur églantier, s'arrête dès la seconde, et s'éteint souvent à la troisième, surtout si on coupe leurs rameaux pour les multiplier : les sujets qui dépassent cet âge restent dans un état de langueur qui indique leur fin prochaine. Je crois que les provences sont, jusqu'à présent, les meilleurs sujets pour greffer les cent-feuilles; encore faudrait-il s'abstenir de toute suppression pendant leur végétation, ou ne s'en permettre qu'avec beaucoup de circonspection, surtout pendant la première sève.

Frappés sans doute, comme moi, des graves

inconvéniens attachés à la culture des rosiers greffés, beaucoup d'amateurs instruits donnent la préférence à des sujets francs de pied, ou greffés assez bas pour pouvoir être facilement rendus francs. Chez moi, mon premier soin, quand je ne possède un rosier qu'en greffe, est de me le procurer franc de pied ; la greffe d'ailleurs n'est pas un état naturel, et on ne peut presque jamais se faire une idée bien positive d'un rosier qui n'est cultivé que greffé. Par le seul fait de la greffe, on est déjà privé de toutes les observations auxquelles peuvent donner lieu les racines, qui constituent une partie si importante de la végétation, et qui, dans beaucoup d'occasions, aident puissamment à déterminer l'espèce et les soins à donner à ces plants. On sait encore que la greffe exerce une grande influence, tant sur les sujets soumis à cette opération que sur les rosiers qui leur sont confiés : c'est à la greffe que nous devons une partie de nos mousseuses, et les accidens que l'art a su conserver. Il faut sans doute excuser l'engouement de quelques personnes pour les églantiers greffés à haute tige ; mais les véritables amateurs savent, par expérience, combien il est préférable de posséder ces rosiers en francs de pied : n'aurait-on que l'avantage de ne pas avoir à redouter l'influence pernicieuse qu'exercent presque toujours sur eux les sujets employés pour les greffer, cette raison seule motiverait la préférence à leur donner.

Les étrangers, sous ce rapport, sont plus raisonnables que nous, et leurs demandes mentionnent toujours des sujets francs de pied, autant que cela est possible, ou greffés bas dans le cas contraire; il faut cependant en excepter les Anglais, qui donnent la préférence aux grands églantiers, et qui tiennent beaucoup plus à leur force qu'à la qualité des fleurs. Les francs de pied se placent fort mal en Angleterre, et après quelques maisons de commerce qui se procurent une partie de nos nouveautés, le reste des curieux préfère les sujets greffés; mais les Anglais ne sont pas amateurs de roses, et quoiqu'ils sachent fort bien nous faire payer très cher le peu de nouveautés qu'ils nous vendent en ce genre, ils ne donnent qu'une faible attention aux superbes variétés que nous obtenons en France tous les ans. On m'a vendu à Londres, dans une maison de commerce, comme venant de l'Inde, deux pieds de rosiers, sous le nom de noisette pourpre, pour le prix de 150 francs, qui se sont trouvés être une mauvaise variété d'hybride, que je n'ai jamais multipliée, car j'aurais cru faire des dupes en la vendant 30 sous; une autre maison m'a payé 478 francs avec huit rosiers très faibles. Je cite ces deux exemples pour l'instruction de quelques personnes qui voudraient qu'on leur créât de bonnes nouveautés pour 3o ou 4o sous. Les Anglais ont cependant compté chez eux un protecteur éclairé des rosiers, dans la personne de M. Lée père, trop tôt enlevé à l'horticulture, dont il avait agrandi le domaine : son goût délicat, ses connaissances étendues, sa réputation méritée, son zèle et ses recherches auraient pu, en peu d'années, opérer une révolution en faveur de cette belle fleur. Cet estimable cultivateur avait compris que le mérite d'une fleur ne doit pas se calculer sur la difficulté de sa culture, ou l'éloignement des lieux qui l'ont vue naître, mais bien sur ses qualités réelles. Cette opinion, qui nous paraît toute naturelle en France, est loin d'être adoptée par le public, et surtout par les maisons de commerce de l'Angleterre; ce n'est cependant pas le bon sens ni la réflexion qui manquent aux Anglais, mais ils sont marchands avant tout, par dessus tout, et ceci, en commerce comme en politique, explique souvent leur conduite. Les jardins de la Société d'horticulture, et ceux de la respectable maison Loddiges à Hacknei sont ceux où les rosiers sont cultivés avec le plus de soins, d'étendue et de succès.

Les francs de pied réussissent bien partout où la terre n'est pas trop sablonneuse ou trop forte ; dans ces deux cas, il faudrait la corriger par les moyens connus qui s'emploient en pareilles occasions, ils ne sont pas difficiles : des binages fréquens, quelques arrosemens dans les grandes chaleurs, surtout pendant la fleur, une taille appropriée à leur espèce sont les soins principaux qu'ils réclament. Les plants très faibles ou délicats demandent une terre plus légère, quoique substantielle, et par précaution, la première année, l'abri du trop grand soleil. Leur existence n'étant pas subordonnée, comme dans les sujets greffés, aux influences des autres espèces, ils vivent pour eux — mêmes, développent sans contrainte les facultés qui leur sont propres, et affranchis de notre industrie, trop souvent meurtrière pour eux, ils peuvent atteindre un âge auquel ne parvient pas toujours la main qui les a plantés. De la modeste place que la nature leur assigne, ils ont vu passer toutes ces générations éphémères de grands églantiers greffés, vain orgueil de nos parterres, qui leur avaient emprunté, pour quelque temps seulement, la grace et la fraicheur de leurs fleurs.

Les francs de pied ont encore l'avantage de se perpétuer sans frais ou sans beaucoup de soins;

les provins d'espèce pure, surtout, multiplient à un tel point qu'ils en deviennent incommodes, et qu'en labourant on est forcé de détruire ou de supprimer leurs traces. Cette considération doit engager les personnes qui n'ont que de petits jardins à les cultiver greffés, ainsi que les pimprenelles ou autres sortes traçantes : de cette manière on économise le terrain, et on les maîtrise à volonté. D'autres, au contraire, et c'est le plus grand nombre, ne tracent que rarement et à un certain âge : on est alors forcé de recourir aux boutures ou aux couchis, qu'il faut souvent laisser deux ans après la mère : c'est la lenteur de cette multiplication qui maintient toujours quelques sortes à un prix assez élevé et qui les rend rares, particulièrement dans les *alba*, qui s'enracinent difficilement. La manie des sujets greffés empêche d'ailleurs les marchands de s'occuper de ce soin dans beaucoup de localités, car ils ne les vendraient pas ; il faut avoir des relations très étendues, surtout au dehors de la France, pour en avoir le débit, et je connais des pépiniéristes très estimables et fort instruits, qui ne vendraient pas de rosiers s'ils n'avaient que des francs de pied : ces personnes se les procurent pour elles, car elles en connaissent les avantages, et sont ensuite forcées de sacrifier au mauvais goût du jour, en greffant sur de grands églantiers. L'éducation des francs de pied pour le commerce est, à la vérité, plus longue et par suite plus dispendieuse que celle des sujets greffés, et cette raison peut expliquer la préférence donnée à ces derniers: toutefois, les véritables amateurs, qui ont l'habitude de la culture, ne s'y méprennent pas, et savent apprécier les mauvais effets de la greffe telle qu'elle est en usage. Quand on a quelques sujets plantés d'avance, en bonnes espèces pour être greffées, il y a toujours avantage à se procurer leurs plants en francs de pied lorsque cela se peut; car on les a bientôt greffés, si on le désire, et on est libre de le faire sur des sujets convenables, chose que le marchand ne peut pas toujours faire. Cette prédilection marquée pour les grands églantiers, que rien ne justifie et que tout condamne, prouve que, chez nous, la plus grande partie de ceux qui s'intéressent à la culture du rosier n'ont pas encore suffisamment étudié cet arbuste, et que quelques petits calculs d'intérêt nuisent encore aux perfectionnemens que j'indique.

IMPRIMERIE

DE MADAME HUZARD (NÉE VALLAT LA CHAPELLE),
rue de l'Éperon, n°. 7. (Avril 1830.)

H. BAILEY, SALISBURY